shozo tsujimura

shozo tsujimura

Table of Contents

プロローグ

1960年代あたりからスタートした日本のファッション黎明期も約半世紀がたちました。私が服飾デザイナーとなってからもおよそ50年！ その間にも社会は大きく変化しました。今では情報が溢れています。消費スタイルは多様化し、女性たちの活躍の場も広がってきました。

服装の選択肢が広がったことで、逆に多くの戸惑いの声も聞かれます。

■いつの時代も繰り返される、三つの愚問！

「私の着たい服は、どこに行ったらあるの？ どのブランドでも見つからない……」

「来年は、何色が流行りますか？」

「スカーフの巻き方を教えてください」

それらの疑問は根絶されていません。そのため私は、近年、以下のようなテーマで講座を開催してきました。

「感性のコアマッスルを鍛える」

欧米諸国とは異なり、日本の「洋服文化」は、戦後からスタートし、その多くは、情報や経済力に頼って歩んできました。

私は、ある投資家が出演されている番組を目にしました。その中で、投資家は日本の学校教育には「お金の教育」という授業が無かったと語っていました。さらに続けて、人間の「人となり」を表す「話し方の教育」も無かったと話が展開していきました。もちろん「ファッションの教育」も無かったのです。

それゆえ、ファッションはいつの時代も、贅沢という基準で捉えられ、知的レベルでの捉え方が後回しにされてきたことを残念に思います。

私はそれを長いデザイナー生活を通して、多くの先輩方に接し、また人々に触れ合って感じ取ってきました。

情報としてのファッションだけではなく、ファッションを教養として捉えることが、

「感性のコアマッスルを鍛える」ことにつながるのではないかと思っています。
コア（中心・中核）なる感性が縦軸となっているところに、時代の横串が交わったとき、スパークして生まれるパッションがあります。

私はそれがファッションだと思います。

私の稚拙なエッセイの中からも、そのことを感じていただければ幸いです。

装幀　浅川哲二

chapter 1

男と女の感性の謎解き

着てみたいと思わせてくれる服と、売れる服

まだ私自身が幼い頃、既に「服飾デザイナーになりたい！」などと周りに夢を語っていた時期がありました。周りの人たちからは、**「デザイナーには、男性が向いているのよ」**とよく言われたことがあります。

私はその意味がわからないまま自分の中では、「服飾デザイナー＝男性」という定義がいつしか植え付いてしまいました。その頃の少ない情報の中からも、女性デザイナーの存在があったにもかかわらず、聞こえてくるヨーロッパのデザイナーの名前は、クリスチャン・ディオール、ピエール・カルダン、ジバンシィたちでした。

おそらく、周りの大人たちもそのことだけを耳にして、理由も知らずに私に伝えていたのだと思います。

日本のファッションは戦後、１９５０年代にファッション黎明期をスタートして60年代まで、先ずはひと握りのおしゃれに敏感な人たちに浸透しました。その後、70年代には一般の若者たちにまで浸透し、爆発的に発展してきました。バブル時代、そしてその終焉――。平成から令和の現在まで、半世紀以上の歩みになります。

日本のファッションの歴史は、そのまま女性たちの社会進出の歴史で

もありました。70年代以後の女性たちの社会進出は、芸術や政治を始め、多方面での活躍が目立ちます。

振り返ってみると、それ以前の時代にも女性の社会への関わりがありました。しかし、現在のようにそれまで男性が中心だった職種やポジションにおいても女性の活躍が目立つようになったのが1970年以降ではないでしょうか？

当然のごとく、それ以後の社会はあらゆる方面で、女性の感性というものが、芽生え浸透し、そして熟成されてきました。

男性デザイナーたちが牽引してきた、一部の女性層（富裕層）のためのファッションは、1970年代以降の女性デザイナーたちの活躍によって、社会進出を果たした一般的な女性たちを対象にして、現実の世界に定着させる大きな役割を果たしました。

私も、ファッションの仕事に携わって、50年の月日が経とうとしています。キャリアを重ねていく道の途中で、思い悩んだり壁にぶつかったりしたことは、多々あります。今思うと、その問題点のいくつかは、**「男と女の感性の違い」**という壁でした。そもそも男性デザイナーと女性デザイナーの違いはどこにあるのでしょうか？

「デザインの仕事には男性が向いている」と言われていたにもかかわらず、現実には、多くの女性たちで服飾業界は占められていました。

私たち男性は、女性を今よりも美しくしたい、今よりも若々しくしたいという、根本的な発想をもとに新しい服をデザインしていきます。

女性デザイナーたちも、もちろん同じように発想するものだと思っていましたが、その

発想の「根幹は少し違う」

そのことを、私は日々の仕事の中から少しずつ感じ始めていました。

男性は半歩先に女性を牽引していくことで、着てみたいと思ってもらえる服を提案します。一方、女性は今日の自分をもう少し心地よく過ごせるという発想で、服を提案します。

新しいシーズンに発表するファッションにはおおまかに2パターンあります。女性の好奇心をいち早く掴むことで、シーズン初めから出足が早く売れていく服。逆に、ゆっくりした速度でユーザーに理解され、シーズンの終わり頃には完売する服。

「着てみたいと思わせてくれる服と、売れる服」

服飾だけに限らず、あらゆるものに問いかけられるような問題です。常々、**「男性は女性にこうあって欲しい」「女性自身はこうありたい」**と思いながら共に美しさの着地点を目指しているはずです。それにもかかわらず、**両者の発想の違いはどこにあるのでしょうか？**

多くの男性クリエイターたちは、女性たちをミューズと崇め、「女性たちが１００パーセントのボルテージ」で美しいオーラを放ったときをイメージのスタートラインにします。その女性のさらに美しい状態——。その女性と共に探る新しい感性の発見！　女性を俯瞰で捉えて、女性本人がまだ気づかなかったような美しさ、あるいはファンタジーを提案します。

反面、女性クリエイターたちは、自身の「ボルテージの低いゼロ地点」をスタートラインにして、現実の世界に自分を重ねるようにしてクリエイトしていきます。そして男性クリエイターが描く「より美しく、より品良く、より華やかに」と考える理想像に向け、現実から遥か遠くへ走る彼らの感性にブレーキを与えます。

そのように女性クリエイターたちは、現実に向かう女性たちに優しくイメージを提案し、語りかけます。それは、選ばれた者たちにだけではなく、幅広く提案することで「自身の等身大のイメージ」を作り上げていきます。

男性が女性に、こうあって欲しいと思う発想は、時として女性に対して甘やかさない提案をすることがあります。一方、女性自身の「自分がこうありたい」という発想は時として女性自身を甘やかしてしまうことがあります。

美しさを表現する様々な形容詞さえ、その意味の解釈は両者では異なります。しかし両者の長所や欠点は、絡み合いながらも、**より新しい感性への「進化」と、より新しいものへの「進歩」を促してきました。**

このことは、私の長いキャリアの途中で感じとり、今も大切に思っていることです。男性自身が提案する「最大公約数的発想」と女性自身が提案する「最小公倍数的」な発想は同じ出発点に立って話し合えるものではありません。

服飾業界にとどまらず――、

両者の発想は、同じ着地点を求めつつも「発想の根幹」が違うために多くの衝突を生むことがありました。それはこれからも否定しあったり、認めあったりすることに直面するでしょうが、今や文化の成熟は男性的発想も女性的発想も必要とされています。

今や多くの女性たちの社会的進出によって、時代の「ランウェイ（舞台）」は幅広いものになっています。両者の感性の根幹を認め合い理解することによって、これからの新しい時代に柔軟な「男女両性」の発想を持ち込むことができるのではないでしょうか？

幼い頃に持った「デザイナー＝男性」という思い込みは多くの女性たちの進出や活躍によって、私の中で変わっていきました。両者の長所や短所を理解しつつ、新しい発想で時代を操っていくことは、**人間的な若々しさをも表現できるのではないかと思います。**

chapter 2

モード？ファッション？衣料？

洋服を衣料としてしか
向き合えなくなった時、
それは老いた証拠である。

モード、ファッション、衣料はおしゃれの特効薬のように聞こえてくる言葉です。それに比べて、**「洋服を衣料としてしか向き合えなくなった時、それは、老いた証拠である」**

ドキッとしませんか？　しかし、いつまでも若々しく輝いているような大人の女性は、モード、ファッション、衣料の違いを把握して、そのことと上手に付き合っています。現代は、様々なデバイスから、膨大な情報が飛び交う中、もう一度きちんとそれらに向き合ってみましょう。

一部のセレブのものだったおしゃれは、長い歴史の中で、現代のように全員参加型の時代に移り変わって来ました。60年代後半から始まった、ファッションの歴史は、エレガンス、カジュアル、フェミニン、エスニック、スポーティー……など数限りないコンセプトを生み出して成長し、膨張してきました。

今や、社会は単一のイメージやコンセプトで流行を説明することはできません。一つの言葉が生み出してきたイメージやルールは、多様化された現代にいくつもの縦軸として存在し、時代を疾走していきます。

一着一着が、ドレッシングルーム中のハンガーの数と同じように単独で数えられていたアイテム別の時代とは違い、今やコーディネート（組み合わせ）という方法で、二つの要素が混ざり合っています。生活スタイルに合った洋服の着方や経済的な背景などによって、日常を表現する方法は多岐に渡っています。

過去のように、洋服の着こなしのルールを守りながら、日常を装うことは、いろいろな立場や環境でハードルの高いものになってしまいました。クリエイターたちはそういう時代の匂いを受け止めて、ミックスコーディネートの時代へと突き進んでいます。

モード、ファッション、衣料はそれぞれの壁を越えたり、フェミニンとカジュアル！都会的なミニマリズムとエスニック！などイメージの壁を超えています。過去のルールにこだわらず、**ミスマッチというミステイクを肯定したファッションセンスの「余裕」をも提案しています。**

いつの時代も、ルールを破る粋なセンスは洗練の証です！

しかし、時として、ミスマッチというファッションを楽しむルールを、時代の様式（流行り）と言い訳にし〝怠け者のルール〟として便利に使われていることはないでしょうか？　そのためにも、モード、ファッション、衣料、についてあなたなりの棲み分けをもう一度考えてみませんか？

辞書を引いてみると……「モード」とは？

フランス語で「流行」や、「ファッション」という意味になります。「モード」を私生活で使うことはほとんどなく、おしゃれ好きな人や、ファッション業界の人が使用するマニアックなワードです。その使い方は、「今年のモードは世界中から注目されている」「日常的にアレンジされたモードなども存在する」など、その業界の人々やファッション雑誌のタイトルに見かけられるような文章です。一方、**「ファッション」とは？**

人々の中で流行している服装、スタイルのことです。現在では、見た目のことだけではなく、文化や音楽さらにはライフスタイルまでさまざまな場面で広く使用されています。「アパレル業界の人々はファッションにこだわりがあります」「今年お勧めのレディースファッションはこの商品です」のような使い方や響きにも、日常の生活スタイルに馴染んでいるような、音色に聞こえてきます。そして、**「衣料」とは?**

衣料という言葉を聞いて、まず一般的に思うのは「肌着」や「靴下」、人々がどうしてもアイテムとして欠かせない身体を包む洋服。寒いから身を包む。熱いから肌ばなれの良い物を……。身体的条件や、季節の条件、そして、プライスへのこだわり。それらがまず優先されるでしょう。

しかし、現代では、**LIFE WEAR(ライフウェア)などと表現され、ファッション性を帯びて、衣料の捉え方が変化してきました。**

しかし! 辞書の中ではライフウェアは、コンサバティブ(保守的)と紹介され、服飾業界の中では感覚的にとらえられ、独自のニュアンスが込められていることがあると思います。その視点から見ると、**モードとは?**

・人間の感性に対する可能性！
・クリエイターが一般人を引っ張っていくもの（引っ張っていく人が認められるかどうかは別）
・マーケットリサーチでは予測できないもの――。

そして、モードの役割とは？

一部の人の提案により、人間の新しい感性が呼び起こされ、昨日まで美しいと感じなかったものが、今日は美しいと認められるように、新たな見方がクリエイターによって提案されます。

おしゃれすぎるその言葉は「あの人って、モードっぽいよね」と使われますが、逆に行き過ぎ、周りが見えていないなどと皮肉を込めた表現にもなりがちです。

ファッションの捉え方はどうでしょう。

- 一部の人々に認められながら、徐々に全体に広く人々に浸透していくもの。そしてトレンドになるもの。
- マーケットリサーチが可能なもの――。そしてビジネスが生まれる。
- 作り手以外にも多くの立場（営業や、広報）人々が参加する。

ファッションという言葉は現代では、服飾だけではなくライフスタイルや生き方の表現などにも使われます。現実の生活の文化の向上（教養、知性、エチケット）にも大きく影響して、経済的効果も生み出していきます。

例えば、紺色のジャケットがあなたのワードローブの中にあったとします。

今シーズンも工夫すれば、いろんな着こなしができるし、社会的にも遜色なく通用するジャケットなので重宝しています。

しかし……、ある日、街で新しく売り出された紺色のジャケットを見かけました。それは今までの手持ちのジャケットと着用するシーズンも、着こなしも同じ、ワードローブのポジションとしても、従来の物と全く同じ位置にあるものだったとします。

今までのジャケットは傷んでもいないし、今年も充分に着用する予定にしていましたが……。

しかし、その新しいジャケットを着用することによって、新しい時代を感じられ、自分自身を若々しく演出するアイディアなどにもつながったりすることがあります。ワードローブの中で重なったアイテムは一方がファッションとして、あなたの中で新たなポジションを得るでしょう。このように、**ファッションとは物理的な必要性に応じたことだけではなく、感性の特効薬として、心のゆとりを育てる事もあります。**

現在、最も変化を遂げたのは「衣料」という分野でしょう。

寒さ暑さをしのぐために「着用する服」から、文化のレベルの向上やファッション性の浸透、それぞれの社会的立場からの要望をも受けて、本来の衣料品的役割（防寒、防水や耐熱）さえも進化させてきました。

「衣料」と向き合うとき私には今でも自分に言い聞かせている事例があります。もう20年ほど昔の話になりますが、老いた母に望まれて、ワンピースを作ったことがありました。彼女の要望を聞くと、そのような洋服はなかなか周りでは見つからなかったようです。

まず、夏シーズンのため、涼しくてイージーケア（クリーニング）であること。空調対策のために、肘は隠しておきたい。もちろんレングスは少し長め、着脱は楽にできるように（実はボタンやスナップよりもファスナー）。さらに、軽さと清潔感。胸元は詰まりすぎず開きすぎずとキリがありません。

私自身のキャリアの中でも、おそらくスタッフにもこれほど難しい条件を提示されたことはありません。

出来上がったものは見事に母の希望する条件をクリアしていましたが、ファッション性からは遠い遠い「物」になってしまいました。

洋服に衣料的な条件で向き合うだけでは、その人の今以上の輝きは出て来ません。

長いキャリアを持ちながら、私が母に作ってあげた最後の洋服は、「衣料という服」でした……。

彼女の満足な顔を見ると、それで良かったのでしょうが、母への服が、「衣料」という枠を超えられなかったことに、今でも私は残念に思っています……。

近年、「衣料品」という分野が、ファッションの壁を乗り越えようとしている！

私はそのこと自体は、歓迎すべきことだと思います。しかし、その壁が完全に壊されてしまう前に、もう一度、「モード！　ファッション！　衣料！」ということを見つめ直し、自分流のスタンスを見つけてもらいたいと思います。

画家のピカソが昔から、よく着ているネイビーブルーとホワイトのストライプのTシャツを夏のシーズンに町で見かけることがあります。衣料として受け止めているピカソの着こなしが、ファッションに見え、ファッションとして着用しているはずの一般人の着こなしが、衣料として見える時があります。

三つの領域の棲み分けは、今や受け手の捉え方です。モードの部分をファッションと捉えたり、ファッションの部分を衣料と捉えたりすることも、**それぞれの生き方のスタンス！**につながります。文化の成長は、多様化のもとに「ミスマッチ」という新しい感性をも提案してきました。

ともすれば、言い訳の利いたその感性は、装うルールに甘えがちになることがあります。けれども私たちは、それさえも肯定できるように、**知性と感性の壁をも取り払い**、各々が自分なりのスタンスで、モード！　ファッション！　衣料！と向き合っていくことが大切だと思います。

しなやかな感性は、その人の若々しさにも繫がり、いつも新しい時代を、受け止めていくことが出来るのではないでしょうか……。

chapter 3

「若い」と「若々しい」は違う！

「時代が読めているなぁ〜」
と相手に思わせること。
それがあなたからの
若々しさを感じさせる。

優しいお母さんから、かっこいいお母さんへ

時代の持つイメージは変化してきました。カッコいい！に込められた「若さ」という感性。それはいったいどういうものなのでしょう？　大人の女性にとっての落とし穴ともいえる「無理な若見せ」についてこんな言葉があります。シャネル曰く

「必死で若作りしている女性が一番年老いて見える」

「若い」と「若々しさ」の違い、「老いる」と「成熟」との違いなど、**本当のエイジレス**とはどういうことなのか？　もう一度考えてみませんか。

今の時代、世の中に発信される情報は、ほとんどが「若さ」についてです。雑誌には、薬、健康食品、化粧品、ジム・エクササイズ、洋服……などの情報にあふれ、数えるとキリがありません。

そしてそれらによって、導かれる終着点は、

- **きれい（肌艶が良い）**
- **生き生きとしている**
- **ビジュアル的に細い**

これらはすべて、実年齢の30代〜40代の人々に対してのビジュアル的な美しさの基準です。

とは言え同じビジュアルを保ちながら、年齢を重ねていく事は、無理なことです。しかし、ファッション的には今や**エイジレスという時代を迎えました。**

このことは服飾に関しても、生活スタイルに関しても、流行を仕掛ける人たちからは歓迎されたことでしょう。

70年代、80年代のデパートは、年齢層によってフロアが分けられていました。多様化の時代に入った80年代以降は徐々に、そういった基準がなくなり、それまでに発表された数々のテイストは、アップデートされながら存続を続けて、ユーザーの評価から淘汰されたものだけが今でも残っています。

そしてテイストは様々です……。

選ぶ側の基準は、サイズ！　クオリティー！　プライス！

社会的背景からみても、いろいろなテイストを受け入れるようになった今では、真っ先に年齢を意識してチョイスすることは少なくなりました。それは、少しでも若く見せたい、サイズ、プライス、経済的条件さえクリアすれば、若い人たちと同じものをチョイスしたいと思うからでしょう。

しかし、そこには大きな落とし穴があります。

私にもこのような経験がありました。ある日、デパートの好みのメンズファッションのフロアを歩いているときに、ふと通り過ぎたミラーの中に、フロアには似合わない「男性」が目に付きました。それは残念ながら自分だったのです。

自分の年齢やビジュアルを忘れて（いや、成熟しないいまま）、その時代の流行の若いファッションを身に着けようとします。おしゃれに興味のある多くの人は、そういう経験があるでしょう。しかし、私は今こう考えます。

若い人と同じ「額縁」を使わない！

例えば、流行という「白い額縁」があったとします。年齢的に若い人たちは、一様に「白い額縁」で自分を包んでいたとします。しかし、20歳ほども年齢の違う自分が、同じ額縁を使うことは、その中身をむしろ、あからさまに比較しやすくしてしまいます。

残念ながら中身の絵画は「老いている」のです。

流行の「白い額縁」を変えることなく、大人の自分に合ったクオリティーを考えてみましょう。年齢に合った材質、フォルム、シェイプの選択！　それは落ち着いたムードや、その人の成熟感を表現します。

私たち大人が若い流行を追うと、彼らの流行は手の届かない世界に行ってしまうことがあります。彼らには「露出＆シェイプ」というファッションにおける飛び道具があります。

それを目の前にすると、エイジレスを掲げた大人たちも降参せざるをえません。

とはいえ、逆に自分の年齢にふさわしい洋服のグレード、カッティングやクオリティが本来の自分にはまっているものだったりしたとき、**それは、実に年齢的にはまりすぎて、「老いる」とは言わなくても、プレシャスな雰囲気を醸し出し、落ち着きは感じられるが、若々しさに欠ける時があります。**

しかし、社会的立場によっては、それが必要で、むしろ若々しい雰囲気が表現される人々もいるでしょう。

個人差はあっても、次のように意識を持ってみましょう。

「老いる」と「成熟」は、違います。

成熟とは、ファッションを単なる情報だけではなく、教養としても受けとめられて、長いおしゃれの経験をもとに、クオリティやカッティングへの理解も備えていることです。

流行を自分なりのスタイリングやバランスで判断して、程よくモード、ファッション、衣料のバランスを表現できる人。

何より大事なのは、身に付ける洋服の作り手の「感性」を理解できていること！

エレガント、カジュアル、フェミニン、モダンの内容もその人の成熟過程とともにニュアンスが変わっていきます。ファッションを情報としてだけではなく、教養としても受けとめることが出来、知的な判断基準を持てることが大切です。それは私たちをファッションの「成熟」へと導いてくれるでしょう。

若いものを選ぶのではなく、自然に選んだものが若々しく着こなせるものだった。

大人である人たちからそう発信するのは、エイジレスを表現するために大事なことだと思います。「若さ」は年齢的なこと、「若々しい」は精神的なこと。それは、**生き生きとした、輝きがあること。**

明るく前向きな考え方でいる事はもちろん。ファッションだけでなく、新しいものを受け止めて、理解をして、自分の感性をもとに結論を出せる事につながると思います。

そしてその時代に合った、自分の「額縁」を磨いていきましょう！

chapter 4

迷子になっている大人たちへ

「何を着る？ではなくて、
どう装うか？」

「最近は、どこに行ったら私に似合う服があるの？」そんな疑問を持っていらっしゃる方はいませんか？　ファッションの多様化で若い頃より服選びが難しくなっていると感じている人たちへ、現代の服選びを考えてみましょう。

デザイナーである私の元には、時々「最近は、どこに行ったら……」という疑問の声が届くことがあります。

そんなはずはない！

いつも私は即座にそう感じます。ファッションに興味があり、服飾デザインを職業としてきた私ですが、自分の物質欲の対象はいつも洋服が一番です。

私にとってファッションとは時代を知るうえでの一つの基準であり、**自分の成熟とも向き合う「人生定規」にもなっています。**

なぜ、「自分に似合う服はどこに……」と思う大人の女性が多いのでしょうか？　高度成長の過程があり、バブル時期があり、たとえ低成長の時代を迎えた現代も、国内外の生産を始めとし、さらに各国からの輸入品を加えると、街には物のあふれた状態になっています。特にもともとは「手作りのビジネス」だったファッションも、今や立派な産業として成立しています。昔の時代とは違い、プライスの幅もあり、多くの人々（年代）に対応する市場に成長してきました。

ファッション黎明期から、新しく発表されてきたスタイルも、時代にあわせて「アップデート」され、ファッションテイストとしてのポジションが今でも存在しています。にもかかわらず、**「ファッション迷子」の大人たちは存在します。**

そうなった理由を少し考えてみましょう。

日本はもともと着物スタイルの国でした。洋装の習慣が持ち込まれてから、近年１００年にも満たないでしょう。

私が生まれたのも戦後のベビーブーム。いわゆる団塊の世代の後期でした。私の子供の頃、大人たちは、まだまだ和装と洋装が混在した日常を送っていました。

しかし、高度成長とともに日本の「ファッション黎明期」は60年代あたりから経済力の発展と共に急角度で上昇していきます。

クチュール（オーダーメイドの一点もの）時代から、プレタポルテ（高級な既製服）の時代へ。70年代のミニスカートブームを迎えて、一般の人々にもファッション解禁の幕が落とされました。

それぞれにファッションを謳歌する女性たちの社会進出を迎えた80年代！　おしゃれをすることは、一般人の常識であり、貪欲に新しいものを吸収していきました。バブル期を迎えると、日本のファッションは欧米諸国と足並みをそろえたかのように見えてきました。

しかし、バブル終焉を迎え、ファッションに対するスタンスも大きく変わってきます。「ファッション」という物差しは、服飾だけではなく生活全般にまで使われるようになりました。

バブル後の経済力に対する「言い訳」ではないけれども、コーディネートによる着合わせスタイル、シンプルなミニマムスタイル、そして決して「イエス」「お似合い」とは言いにくいミスマッチスタイル！

若さへの自信も揺らぎ始めた大人たちです。

もともと欧米諸国のように「洋装」に対するＤＮＡを持たない日本文化で育った私たちは（特に我々のような団塊世代は……）、**情報と経済の発展を頼りに、ファッションの波を乗り越えてきました。**

しかし、それは、都会の混雑した地下街で、急に案内の掲示板が消えてしまったような戸惑いを感じる事になります。気がつくと、年齢も重ねて、自由にものを選びづらくなった自分がいます。味方であるはずの、**エイジレス！**という言葉とも、どのように向き合っていっていいのかわかりません。そんな皆さんがぶつかるファッションの壁！

「最近は、どこに行ったら、私に似合うものがあるの？　どこに行っても見つからない！」

そうは言うものの、私たちの時代の人たちがファッションを率先して取り入れてきたのです。情報に忠実に、新しいものに疑いもなく、自分の文化的立場もファッションで表現してきた時代です。

さらに、服飾文化のＤＮＡを持たない我々世代は、与えられるファッションの情報を「宗教」のように受け止めてきたことでしょう。それゆえ、ファッションに対する理解が備わり、文化レベルも上がりました。その結果、**全員がファッションに参加しています。**

今では、その意識を持ってない人を探す方が、難しいことと思います。

■スターから、隣のアイドルへ！

今の時代は、クリエイターから、隣のデザイナーに！と提案者（クリエイター）と、消費する側の目線が等しくなりつつあると感じます。

過去にはそれぞれに、新しく提案されたデザイナーのブランドショップに駆け込んで、装ったことがあると思います。そして、次はどこ？　次は誰（クリエイター）？などと期待を持って、ファッション待ちをしていました。私たちには、そんな時代だったと思います。

現代では、先に述べたように、「次は何？」ではなく、時代とともにアップデートされた個性やスタイルが存在し続ける時代です。

「何を着る？ではなくて、どう装うか？」

個々の容姿やキャラクター、社会的背景などをベースに、大人の女性たちは成長してきました。

過去には、いくつかのブランドを信じて、装いをゆだねていたことだと思います。しかし、今！

貴方が自分ブランドのデザイナーです！

多様化された現代では、一つのブランドがすべてのアイテムをあなたに向けて、提案することは不可能です。たくさんのキャラクターが枝分かれをしているだけでなく、光のプリズムのように、年齢、容姿、経済的条件、社会的背景が無限に個々のアイテムのキャラクターを成立させているからです。

デパートなどの売り場においても過去は、**年齢・ターゲットによって、フロアが分けら**

れていました。

現代はどうでしょう。先に述べたように、時代ごとに提案されたキャラクターはアップデートを重ねて、今も存在……イヤ！乱立しているとも感じられます。

エイジレスという名のもとに、フロアで選択のために提案されているものがあるとすれば、それはプライスやサイズなどでしょう。

感覚的なもののチョイスはこちらに委ねられています。

ファッション成長期に展開された、ブランドショップ（ワンブランドあるいは個人クリエイターによる商品で、品揃えされたショップ）に対して、**セレクトショップ（バイヤーセレクションによる多種類のブランド展開）**というものが進出してきました。

そうです！　現在では、**あなたのドレッシングルームは、あなたブランドのセレクトショップなのです。**

あなたというクリエイター、あるいはバイヤーが自分のためにセレクトしたファッションをいくつかのブランドの中から、感覚的にフィットするものを自分自身でチョイスしましょう。

若い頃からファッションに興味を持って装ってきたあなたは、様々な情報や、クリエイターの感性に牽引されてきたことだと思います。しかし、情報量の豊富な現代にあって、文化の発展は多少の「服飾ＤＮＡ」も私たちにもたらしてくれました。

服飾に限らず、提案する側と受け止める側の目線が縮まった今、**あなたという感性に、自信を持って進んでいってほしいと思います。**

貴方というクリエイターの存在を意識してください。

「自分の感性に自信を持つ！」については、また別な項でも述べたいと思います。

素晴らしいもので溢れている今をもう一度見直してください。その中から、あなたに新しさを与えてくれるものを見つけてください。

美しさや時代の新しさを発見することができる感性は、現在のあなたをより若々しく導いてくれることと思います。

chapter 5

ネガティブな要素をポジティブに変えるファッション的思考

ファッションに限らず
感性とは我儘なものです。

「これ！　なんぼやと思ォ〜う？」

関西のおばちゃまたちの間でよく交わされる会話です。このセリフに、かぶせられている行間の言葉の意味をご存じでしょうか？

昭和の「艶歌」は、「行間を表現するように歌う」とベテラン歌手さんの話を聞いたことがあります。歌詞に描かれていない状況や思いを歌詞の行間を読み、心の中で歌ってみる。それはまさに表現力という感性のなせる業でしょう。現在の若い人々に人気のある歌は、すべての状況が言葉で説明されていて、昭和の人には、早口言葉のように聞こえます。カラオケでトライしてみても、私などは言葉が追い付かずリズムに置いてきぼりになりそうです。

「これ（この服）、なんぼやと思う？」この言葉の行間にはいろいろな「女心」が含まれていて、年代や時代によって、いろいろなミューズの存在を感じます。そして女性たちの会話から装うことの楽しさを発見することができます。

さて、この「セリフ」の後に、大抵の人は、実際のお値段よりも、高い値段を答えるでしょう。

そこで「待ってました！」とばかりに、ご本人は相手が想像するよりもずっと安い、本当の値段を暴露してしまいます。

なぜでしょう？

「私が着ていると、実際よりも高く見えるはず。それは私の日頃のイメージから、そう受け止めてもらえ、着こなしが上手で、リッチで、ファッショナブルだから〜！」もっと〜！　もっと〜！　ポジティブシンキングの連打です。

だから、実際のお値段よりも高見えするの。

答えをもらうまでの行間には、このような思いが入っていることでしょう。ポジティブであったり、ネガティブであったり、本人たちも気がつかないうちに、複雑な女心のラビリンス（迷宮）を表現している会話だといえないでしょうか。

バイタリティーあふれる女性の感性に魅了される。

私などは、このラビリンスに迷い込んで、今でもファッションデザイナーとして、仕事を続けている次第です。また、次のようにも言えます。

ファッションには、常に「NO」を追い越す勢いで、「YES」が迫ってきます。

ファッションは時代とともに入れ替わったり、二つの見方が平行して進んでいくこともあります。

私が「文化服装学院」の生徒だった1960年代の後半は大阪万博（1970年）の始まる前でした。その頃、ファッションを学ぶことが出来る専門学校は非常に少なかったのです。まだまだ多くの女性が、手に職をつけるという意味で洋裁を習う、あるいは、花嫁修行のためという発想も学内にはありました。

女性の社会進出！　キャリアウーマンの台頭する1970年代でも、学園内で女生徒のノースリーブスタイルは禁止という時代でした。その頃、ファッショナブルだったアイテムに「ホットパンツ」と呼ばれていたショートパンツがありました。すでにファッション雑誌では多く取り上げられていたのですが、学園内ではまだまだ、認められず、女生徒たちは駅の構内のトイレでわざわざ着替えてから登校していたのを覚えています。

デザインの学校でありながら、今では考えられないことでしょうが、まだまだ当時は、それが大人の常識、エチケット感覚、美的感覚だったことでしょう。しかし、情報の発達、スピード、人々の受け止め方によって、瞬く間に「NO」から「YES」に変わっていきました。

私は、ある女優さんに、インタビューをさせていただいたことがありました。映画界が全盛期の頃、彼女は、モデルさんから女優さんへと活動の場を広げ、その後のテレビ時代を予感されたのか、当時人気のあったニュース番組でMCを務め、その後TV界で活躍されることになりました。

モデルとしてデビューし、芸能界でもおしゃれなファッションアイコンとして存在されていました。スタート時の仕事では、膝上のミニスカートで登場されたそうです。ところがお茶の間の顰蹙《ひんしゅく》を買ってしまい、朝の情報番組で「女性のミニスカートとは」などと批難された時代でした。

しかし、時は高度成長期！　ファッションに限らず、多くの「情報」が瞬く間に欧米諸国からも到着した時代です。

その後、ニュース番組がスタートして1年足らずで、ゲストの皆さんもスタジオ見学の一般の方々もこぞってミニスカートになっていたということです。

昨日のNOは、今日のYES、に変わることもあります。

ファッションに限らず、感性とは我儘なものです。

その他にも、YESとNO！は両サイドから表現されることがあります。

仕事柄、展示会を前にしてスタッフやときには直接バイヤーにも、作品の説明会を開くことがあります。その作品群のコンセプト、商品の特徴や利点、着こなし方など説明はポジティブな言葉で推し進められます。ただ、**すべてのものには長所と短所があります！**

商品の長所だけを押し出して説明しても、お客様には短所と感じる不安要素が明快にならなくては納得していただけません。

「この色は、少し重くないですか?」

「このデザインだと少しカジュアルじゃないですか?」

「重くはないですよ。むしろ、このくらいの方がお客様の目的に合わせた場所では、落ち着きとグレード感が感じられると思います」

「今の時代はこのくらいの軽さが感じられた方がカジュアルというよりも、むしろ若々しさを感じると思いますがいかがでしょうか?」

相手の持つネガティブな印象を、ポジティブに捉え、発想を置き換えてみる。

ネガティブな印象を取り払って、新しいものの見方を提案する。

以前、私は通信販売の仕事をしていたこともありました。番組はスタジオでの生放送。

もちろんデザイナー側のゲストはぶっつけ本番です。形どおりの打ち合わせはあっても、本番でのトークではお客様との絡みも入り、何が飛び出してくるかわかりません。

気に入っていただいているお客様にはともかく、「どうしようかな？」と迷われているお客様は、必ずネガティブな要素に不安を感じています。

ベテランのバイヤーや販売の人々は、そのものの持っているネガティブ要素さえ、**プラスに転換できる物の見方！**を常に用意していなくてはなりません。

相手にプラス思考の見方を伝えるだけではなく、そのことで信頼にもつながり、自身も様々な角度からものを見て、ポジティブな発想ができることになると思います。ポジティブな視点から見ることで多様性を発見でき、**自分自身の表現力も広がります。**

ファッションだけではなく、生きていく中でいろいろなものの見方を教えてくれることにも繋がります。

作家の有吉佐和子さんが、インタビューの中でおっしゃっていたことを思い出します。『和宮様御留《かずのみやさまおとめ》』という実在の人物を主役に置いた物語の中で、

「私は嘘は書きません。ただ小さな現実の瞬間を切り取って、膨らませて華麗に表現をしていく、それが小説家だと思います」

事実に嘘はなく、ただファンタジーとして受け止める側の想像力をポジティブに刺激する。作者はそのような姿勢を持つことが大事なことであり、作品中の事実に、作家自身が魅了されて表現力をかきたてられなくてはなりません。

名品にも、名作にもその要素は宿っているように思います。

また人は、好きなものには甘く、寛容ですが、自分にとって、**嫌いなものの要素を見抜くことには、厳しいものです。**

好きな服でありながら、自分にとってポジティブな要素（年齢、ビジュアル、社会性）が見つけにくく、明らかに似合わないと思える物でも、私は試着をしてみることがあります。それは、**どのように似合わないのかを確かめるためです。**

自分には似合わないから「嫌い」という要素をそのままにせず、きちんと見極めていくことも大切です。嫌いという要素の中にも、一つの原因だけではなく、その人にとってはいろんな要素が混じり合っています。その要素が、置き去りのままではいつか収拾がつかないまでに広がり、ネガティブな感情を増長させてしまうことがあるからです。

それこそが「コンプレックス」というものかもしれません。

常々私は自分の周りの物を評論することがあります。気にいったポジティブ要素はさておき、ネガティブな部分を真っ先に感じてしまいそして評論してしまいます（文句の多い人間）でしょう。

それは、そのものが、今よりもさらに良く感じられるようになるためにと思う、私からの「応援歌」のようなものでもあります。

ポジティブな要素ももう一度見極めてみてください。好きなものを見極めたり、美しいものをさらに深く感じたりすることが、その人を感覚的に成長させるためには、大切だと思うからです。

知らずに見過ごしていたものや、通り過ぎていたものにも、今まで見えなかった美しさや、気づかなかった価値観が、生まれてくることがあります。

服飾だけに限らず、芸術や日常品に至るまで、両方の要素は含まれています。

ポジティブも、ネガティブも貪欲に追求しましょう！

そうすることによって、できればネガティブな要素も、ポジティブに切り替えせるような、**「思考技術」**が持てれば、幸せなのではないでしょうか？

chapter 6

おしゃれは、躾の問題！

訴えるではなく、
相手に感じてもらう。
それが品の良さ。

昨今の人々のおしゃれを眺めてみると、「ルールなき爆走」とも思える時があります。肯定的に見れば、自由にファッションを楽しむ証でしょうが、「自由におしゃれを、する」とはそういうものでしょうか？とはいえ、「前書き」でも述べたように、この本の趣旨は装いのハウツーでもなく、現在の流行の情報を指南したいわけでもありません。

装いに対する理念！のようなものを、理解していただけたらと思っています。それはいつの時代も変わらないはずだし、常に変化をする、装いのハウツウや流行の情報を、その時代、時代の「横串」を当てれば、必ず縦軸の理念と交わる「場所」はあるはずです。

初めて、おしゃれの基本を感じた頃の話からしましょう。

戦後の混乱もようやく落ち着きを見せて、ベビーブーム、そして高度成長期と向かう頃……。私の生まれた昭和25年（1950年）は、そのような「新しい物質文化」に向かう時代でした。

田舎暮らしでしたが、両親はともにおしゃれが好き（ファッショナブルと言う意味ではなく）で装うことにはとても敏感でした。人付き合いも多く、出かけることも頻繁だった親たちからしてみれば、子供にもそれなりに、普段着、よそ行き（外出着）と私の装いにも目を配っていました。しかも、物心ついてからは、親が着るものを選んで与えるのではなく、一緒に出かけて私の好みを引き出し、選ばせてくれたように思います。

その傍ら、「男子」でありながら母親や姉の買い物にも同行したので、自然と目が向いていきます。

ファッションデザイナーとして長年活動してこられたのも、幼い頃からのそのような経験が糧《かて》になっているのかもしれません。

季節の移り変わりが現代のように乱暴ではなかった頃。

人々の情緒も季節の流れに沿って、様々な文化や芸術に繊細に織り込まれ、表現されていました。女性の装いにもパターンがあり、何よりも服装による季節の表現が今よりもはっきりとしていた時代でした。

両親が最初に私に教えてくれたのは「季節の表現」です。

夏と冬の装いの表現の違いはもちろんですが、春や秋の違いは温度に大差がなければ装いは同種のアイテムでも過ごせることがあります。しかし、春の光と秋の光は違います。風の柔らかさや植物の華やかさも違います。春夏秋冬の季節はいろいろな個性を持ち、その中でも繊細に表情を変えて私たちの感性に訴えかけてきます。

私はそんな両親の様子を頼りに、装いを考えていくようになりますが、それはファッションの仕事に携わってから、当時よりよりいっそう意識するようになりました。

その日、その時の季節の表現が素直にされている装い。

あなたの装いを見て、その季節を気づかせたとき、あなたは他者から「おしゃれな人だなあ〜」という評価を受けることでしょう。

流行物の表現や装いのハウツー、情報の先取りなどはいつも時代の横串です。時代はいろいろな顔を求めますが、「季節感の表現」はそのような装いの第一歩を教えてくれていると思います。

子供の頃の話に戻します。

外出の多い両親は人からどう見えるか、ということにもこだわりを見せていました。もちろん自分の好きなものをまず、選び、次に「他者から見える自分」というものも意識していました。

最後の最後の仕上げは玄関先の鏡でした。子供だった私にはそれが童話の世界の「鏡よ！　鏡よ！　鏡さん！」というフレーズにつながっていた事を覚えています。ずっと後になって、私がファッションの仕事をするようになり、ああ～あの頃のことが「好感度」というものなのかと思い出すことがあります。

自分自身の満足度と他人から受ける好感度のバランス。

両親は、そのバランスを最後の最後に玄関先の鏡で確かめていたのでしょう。

さて、東京での独り暮らしが始まった頃から、自然と玄関先に立ち姿が見えるような鏡を置くようになりました。
「そんな格好して出かけると人に笑われるよ！」母の言葉を今でも、時々思い出すことがあります。

やがて思春期になると、品の良さや品の悪さについても考える年頃になってきます。

品の良さは相手が感じてくれるもの。自分からアピールするものではない。

現代のファッションは、品の悪さや不良性も一つのかっこ良さ！　しかし、それが成り立つのは、それらが「アイロニー（皮肉）」と捉えられていたり、「パロディー」としての表現があったり、品の良さということを理解している人間にしか、ファッションとして表現できないことだと思います。

「品の良さ」とは、アピールすればするほど、「品の悪さ」が加算されるものだと、両親は私に伝えたかったのだと思います。

田舎で育った私ですが、おしゃれに対しての「躾《しつけ》」は両親からの「教え」だったと感謝しています。

思春期に入ると、躾られた幹からそろそろ枝葉をはって、ファッションを楽しむ年齢になりました。

田舎といえども、二〜三軒のブティックができ、そこで手に入れた洋服を着て見せ合う「悪友」との付き合いもありました。関西の田舎町に住んでいた私は、東京から流れてくる情報に耳を傾け、「オシャレ小僧！　東京に憧れる」の毎日でした。

新しく刊行されたファッション雑誌（女性雑誌を追いかけるように、メンズ雑誌も刊行される）を頼りに、タンスのドアの裏にはコーディネート表を張り込んで、今になって思うと「プチスタイリスト」を自ら楽しんでいたように思います。

一般的には、学校生活で着古した体操服を（ジャージとはまだ呼ばない）を家で着回していた生活です。そんな時代に、まだまだ浸透していない「ファッション」などという言葉を使い回して、おしゃれを競い合っていたのは少し裕福な家庭の子供か、ませた女の子か、不良かのいずれかでした。

そして、70年代、80年代と時は進み、高度成長から、バブル崩壊へと続いていきました。2000年代を超えてファッションは多様化の時代を迎えます。今や、**全員がおしゃれをしている時代になりました。**

街に出て、おしゃれをしてない人を探す方が難しいと思います。人々のおしゃれの意識は、本人の完成度やセンスとは関係なく、日常の歯磨きや、洗顔とおなじ延長線上にあります。

その頃から、ファッションと衣類は同義語になりました。

自由に解き放たれた、民主主義的なファッションの解放は同時に格差を生む危険もはらんでいます。

おしゃれとは、今どのように受け止められているでしょうか？

・周りの人々よりも先に新しいブランドを着用することでしょうか？
・多くのファッション情報を抱え込むことでしょうか？

インターネットが普及している現代、新しいブランドの着こなしや情報を得ることは、すごく簡単なことだと思います。しかし、それは「ファッション試験」に一夜漬けの暗記で挑むようなもので、何の考え方の基礎も養われていません。そのこと自体は否定することではありませんが、忘れてはならないのは装う基本です。

季節の違いによる表現、素材、形、色合いなどのバランスは好感度や上品さにもつながるはずです。

昨今のファッション性を表現するのにミスマッチというスタイルがあります。ルールに囚われることなく、ファッションと衣料の垣根もなく、「負」の要素さえも洒落た、センスの余裕として受け止めるスタイリング！

多様化した多忙な時代の言い訳のようにも思えますが、抵抗なく若い人々に受け止められたものが、そろそろ成熟した大人たちのゾーンにまで浸透しつつあります。そのような時代の流れを、私は否定しません。きっとその先には新しい何かが展開されることと思います。

先に述べたように、ネガティブな要素（下品や不良性）をファッションとして表現するには、何が悪いのかを熟知していなくてはなりません。ゼロからのスタートではなくマイナスからのスタートを切る気持ちがなくては、負の要素をファンタジーに変えることはできません。ミスマッチの「ミス」が「ミステーク」のミスにならないように、私たちは装いの基本を前もって知っておくことが大事です。

自由！　自由！　自由！に対して、何が自由ではないのか？　装いを「躾」としてもう一度自分自身で受け止め、若い世代へ伝えていかなければと思います。

季節に合った表現。
好感度への理解。
バランスや色、素材、形などを含めた感性を、知的に受け止められること。

そして最後は、何よりも作り手の感性を理解して、ファッションとして受け止めること！

センスよく完成されたものをセンス悪く扱うことは、**「文化的に罪深いことです」**。

知的に裏付けされた感性は、あなたを「センスの良いファッショナブルな人」と、周辺の人たちから認知されるはずです。

chapter 7

おしゃれの「絶対音感」を鍛える

「流行するな――」と思った！
その理由を感じられることを
絶対音感という。

「絶対音感」という言葉を皆さんも耳にしたことがあるでしょう。声楽家が、「私は絶対音感を持っていて、車両のガタゴトと言う音も、音符のついた旋律に聞こえる」と言うことがあります。

日常の音というものが全て音楽理論に基づいて、解釈されている。

もともと持っていたその能力を声楽家として学ぶ過程で気づき、声楽家としてさらなる努力を重ねたことを「絶対音感」と説明されているのではないでしょうか。

服飾に携わる人たちの中にも、音楽の「絶対音感」に例えられるような能力の持ち主がいます。

理論的に正しいとされることを感覚的に瞬時に捉えられる能力。

優秀なクリエイターが、「これは流行するな!」と感じられることは、服飾の世界での「絶対音感」のようなものだと思います。努力という「労力」を使わず、さらりと「インスピレーション」を得られるケースなども そうかも知れません。

そんなことを言うと、「私には無理。絶対センスがないから」と、言われる人もいるでしょう。世の中に、**「センスのない人」はいません! センスが悪いか、良いか、です。**

声の良し悪しはあっても、みんな声は出せます。

悪い状態であれば、日頃の訓練や意識で良くしていくことはできるでしょう。

長年キャリアを重ねてきましたが、私にも最初から「絶対音感」と感じるような感性があったわけではありません。むしろキャリアの途中でそのことに気づき、努力や訓練で積み重ねてきたものの比重の方が大きいかもしれません。

なぜ、必要なのか考えてみましょう。1950年代から80年代にかけて、ファッションの黎明期から繁栄を遂げ、90年代からは多様化の時代に入ってきました。

「絶対これが正しい!」と言わんばかりにクリエイターが先頭に立って牽引してきたものが、女性たちの社会進出によって、ファッションの現実化が求められました。コンサバティブ（保守的・無難）に固められていたルールも「感性」の波に徐々に侵食されていきました。

今や、明快なルールも持たず「時代が生んだ感性」の名のもとに「自由表現」という時代になりました。

そして、クリエイターが率先して、一般の人々を引っ張っていける時代ではなく、隣のアイドル、隣のデザイナー、隣のスターたちが現れ、すべての人々が同じ目線になってきました。

ある見方をすれば、それは文化レベルのアップ！　一般人の底上げとも言えるでしょう。

自由という言葉で何でもありのミックス文化！　間違っているか正しいかの見分けがつきにくい。

自由という箱の中には、コンサバティブやクラシックという過去の基本となるようなルールが閉じ込められてはおらず、その箱の中身は空っぽなのではないかと思えてしまいます。そして、それはいつか、勢いを持って崩れていくような不安さえ感じます。

音楽でいうならば、美しい旋律が聞き取りにくくなっている。

定着したミックスコーディネートやミスマッチの感性も、装いにルールがあった私たちの過去の時代から見ると、**「現実生活に対してのファッション的言い訳」**ともとれます。新しい時代の新しい感性として、過去に受け止めたように、これからもそれらを受け止めていかなくてはと思います。だからこそ新しいものを受け止めたり、美しいものを捉えたり、感じたりするには、ファッション的な「絶対音感」を意識してほしいのです。

長い間ファッションデザイナーをしていると、耳にするいくつかの「愚問」があります。その代表的なものとして、**「来年は、何色が流行りますか?」**

とても古い時代の質問に聞こえますが、この質問をする女性には大切なポジションで仕事をされている方も多く居ることに驚きます。それなのに、ファッションに対しての「知的能力」が低いと思えるからです。

ファッションとは、色、素材、フォルム、分量、バランス、ディティール、カッティングなどの要素が全て絡み合っているのです。それに加えて現代では、コーディネート、年齢、経済的条件、シチュエーション、などの要素も加算されます。

これらの計算がバランスよくされているとき、あるいは無意識にされているとき、人はおしゃれに見えるのです。

それが、一般的には「感性」とか「センス」とか言われ、ファッションにおける「絶対音感」と言えるのではないでしょうか。

「来年は、何色が流行りますか？」ベースになるものを持たなくてこの質問をする人は、また来年になっても同じ質問をして、10年先にも同じ質問をすることだと思います。

音楽でいう、「音程」にあたるものが、素材、色、アイテムであるならば、カッティング、ディティール、フォルムは、「リズム」であり、コーディネートや、年齢、シチュエーションにおける条件は「音色」のようなニュアンスではないでしょうか？　これらのことを意識して、常に調和をとる。

感性を育てていくことにも「知的能力」は必要です。優れたクリエーションは、思考のデッサン力に裏付けされています。

家を建てるときに、最も大事なことは、その住人の家に対するコンセプトでしょう。配置、間取り、それから室内のインテリアなど総合的な思考のデッサンが必要です。いきなり2階の寝室に「花柄のカーテンをつけたい」と発想するのは危険です。「それは来年は何色が流行りますか？」と同じように一つの点でものを捉えて、立体的な思考に欠けているからです。ベースに感覚的な基本を持ちながら、全体観をまず捉えて、新しいファッション、新しい時代に向かうことが大切です。

現代は新しい情報を得ることはたやすい時代になりました。しかし、過剰な情報だけに振り回されているのも現実です。スピードとその量を競う「情報の運び屋」は「時代」の中に溢れています。彼らがその情報の内面を深く、掘り下げることはしません。それを深く考えたり、感じたりすることは、私たちが自分の個性を持って受け止めていくことかもしれません。我々全員がクリエイター意識を持って、次に来る時代を理解するためにも装いの「絶対音感」を磨いていくことが大切だと思います。

時代は常に動いています。時代を知るのは情報。時代を読むのは感性です。

ファッションの世界では昨日のＮＯ！が今日のＹＥＳ！に瞬時に変わります。感性の「音感」を不動のものとして、新しい時代の音を聞き分けていくことが若々しさにつながります。

人間は同じような時間を、同じ程度生きます。だからこそ、「人生」という短い時間の中で、美しいものをより多く見分ける力や味わう力を身に着けて欲しいと思います。

chapter 8

感性のパワーアップ！
エアーショッピング

夕方までに1千万円を
使い果たすことができますか？

人間の本能的な欲望は三つあると言われています。性欲、食欲、そして物質欲。感性をパワーアップさせる手段として、そのうちの「物質欲」と言われているものに、触れてみましょう。

もともと日本人の感性として「欲望」と言う響きにはネガティブなイメージを含んでいると思いますが、ファッションを語るとき、この要素を抜きでは考えられません。

「衣料」と「ファッション」については、別な章で説明させていただきましたが、ファッションとは、そのシーズンにはすでに間に合っている物を処分してでも「もう一枚新しい季節物を手に入れたい」と思わせてくれること。

もともと持っていない物を欲しいと思う物質欲もあれば、既に持っているものをさらに新調したいと思う贅沢な物質欲もあります。なぜでしょう?

流行のサイクル（周期）は戻ってきます。しかし、それは必ず何十年前かに味わった同じ感性の位置ではなくて、「蚊取り線香」の渦のように同じ位置にいながら、少しのズレが生まれます。私たちクリエイターはそのズレを表現しなくてはなりません。長いキャリアを積んでいると、その渦も一回、二回と回ってくることがあり、初めて体感する若いクリエイターたちとは違って、過去に体感したテーマやコンセプトにおいては、キャリアを積んだ人たちに限って、「まかせといて！」と言わんばかりに過去をそのまま表現してしまうことがありがちです。

しかし、時の流れは、素材、色、フォルム、カッティング、そしてコーディネートなどいろいろな時代を乗り越えて今にたどり着いています。そして、それが新しいニュアンスで表現されているものがファッションです。

ファッションとは、新しい感性で表現された贅沢な物質欲の対象とも言えます。

人間を活性化させる、基本的な欲望！　進化の根源！　発想の根源！　それが物質欲だと捉えてみましょう。

物質欲はマイナスイメージに捉えられがちですが、知性や、教養に裏付けされた「欲望」を育てることは、

- イマジネーションが広がる。
- 見過ごしていた美しいものに気づくことができる。

■洋服を中心に判断していた「ファッション」という物の視野を広げることにつながる。

そのために私は、エアーショッピングという「ゲーム?」を提案します。

ロックのギタリストが、かっこよくギターを弾いている様を、実際には何も持たずに、さも演奏中のようなアクションを見せてくれるパフォーマンスを「エアギター」と言います。ならば、実際に購入しなくても、ショッピングしたような気分を味わってみることを「エアーショッピング」と考えてみて下さい。この二つに共通するのは、**「想像力」です。**

「最近、何も欲しいと思わない」あるいは、「私って、物質欲が無い人なの」そのように自分で思っている人がいます。もちろん現代人たちの生活は満たされていることが多いでしょう。

しかし、現実の生活だけに定規を当てるのではなく、現実を超えた空想の世界に遊んでみることも大事なことだと思います。現在自分には必要が無い物でも自分のイマジネーションを膨らませて想像してみるのも、感性を膨らませる一つの手段だと思います。今だけに、とらわれること無く、**頭を柔らかくして空想してみましょう。**

現在の社会は物質的には何でもあります。例えば、東京は銀座、大阪は御堂筋、その他の都会や地方の都市にでも、環境や歴史に合わせたそれぞれのすぐれた物で溢れています。ディスプレイ一つを見ても、贅沢にプレゼンテーションされたものが、私たちのイメージを膨らませてくれます。各々のデパートの地下食料品売り場に至っても今や高いファッション性を感じることでしょう。

私は若いアシスタントにこんなゲームを提案します。例えば、銀座4丁目の交差点に立ったとき、**「夕方までに1千万円を使い果たすことができますか？」**

現実を考えると、せいぜい人が必要なものは、どんなに贅沢に考えても百万円も使えば、たいていの品物は手に入ると思えるでしょう。ただ、現実の街中にはそれ以上の物、いやむしろそれ以上の物の方が多いと言えるでしょう。

デザイナーに限らず、物づくりに携わろうとしている「人間」が、銀座という高級店が集う街で、イマジネーションを働かせて「エアーショッピング」で1千万円を使い果たせないとしたら、職種に対しての技術や才能よりも、それを続けていく根本的なパワーに欠けているような気がします。

もしも自分がこうだったら、これを表現するのに、これが必要。あるいは、こういうところに行って、こういうことがしたい、その発想を膨らませるヒントになるものが街には溢れているはずです。

クリエーションして誰かに提案できた物は、誰かの物質欲の対象になるはずです。技術や、技能は、時間との問題で、私たちの先輩から後輩たちへ伝えていくこともできます。しかし、想像力をかきたてるような「物質欲」のパワーは本人の問題です。

若い人を判断するとき、私はむしろそのことを、**「生きる才能」**と感じて魅せられ、期待します。それは何もクリエイターに限らず、一般の人々にも理解してほしいことです。

ウインドウショッピングからイメージの広がるもの

美しい洋服、高価なアクセサリー、食事、車、旅行、美容など現代の環境や生活を広げてみる。それを手に入れどういう風に装うのか？　そしてどの様な場所に出かけるのか？そして何をするのか？　そしてもしそれらを必要とした時、選ぶ前にそれらの品物の持っている魅力を私たちは、もっと深く理解しなくてはなりません。

物質が持っている価値観への理解！

そして、それは今まで見過ごしていた美しさの発見につながり、新しい感性の「芽」が育っていくのです。

そもそも洋服を選ぶという事は、そのクリエイターが考えた感性を理解することです。そして共感し共鳴して着こなしていくものだと思います。

どの時代の流行にもセンスが良く、しなやかにファッションを楽しんでいる人はこのことを理解しています。

一般の方々が理解不能という質問の中にこのようなことがあります。

「どうしてエルメスの商品はあんなにお高いんですか？」

■セレブのライセンスのように思っている。
■いち早く新作を手に入れることでセンスが良いと感じられる。

このように思い込んでいる人に限って、高価な理由を理解せず、所有していてもその価値を最大限に表現できていません。

一枚の皮革から裁断できるバッグの個数には限りがあります。それは材料の最も良い状態の場所しか使わないからです。

またカラーにおいても、その工程にはびっくりするほどの時間と技術がかけられているはずです。その結果ショッキングなほど美しい色が生まれます。熟練職人の手によって仕上げられた商品は、母から娘に渡し、伝えられる宝石のような名品に仕上がるのです。

またこのような質問も耳にします。

「どうしてデザイナーは街の中で、着用できないような洋服をコレクションで発表するのでしょうか?」

それらは一般の人々が日常で着用する物の延長線上のものであり、クリエイターが美しいと感じる「感性の可能性」のようなものを表現しています。

「感性も進化していきます」

過去に不快に思えるようなものであっても、数年後には新たな品物を生み出すための基礎になっているかもしれません。

そしてビジネス論で言えば、強烈な個性を活用して、展開する多くのライセンスビジネス。また広告宣伝として、マスコミを惹きつける華やかな材料。それは企業の株価にさえ影響を与えます。

このようにそれらが存在する理由はきちんとあり、理解することによって、物へのときめきや、愛情も生まれます。

時代はファッションの衣料化と同時に、衣料のファッション化も進んできました。

それは「文化的進歩」だとも言えます。常々、私はこのように思っています。**年齢を重ねて洋服を衣料としてしか向き合えなくなるのは、老いた証拠だと、衣料品としての価値だけで本人が手にしたものは、決して今以上の輝きをもたらしません。**このように思うと、

「エアーショッピング」とは……

- 発想を豊かにして、イマジネーションを活性化させる手段。
- クリエイターたちの持つ美意識への理解。
- 自分でものを選べる価値観を身に付ける。
- ファッションだけではなく、時代の新しいものを受け止めたり理解したりする心のしなやかさを養える。

街を歩きながら、多くのものを目にしたとき、クリエイターたちの立ち昇ってくるような感性を味わう瞬間があります。誰からの通訳も説明もなしでそのものを理解できるとき、**ポジティブな物質欲**による「エアーショッピング」の時間は、美意識を養う価値あるものになると思います。

chapter 9

金持ち美人と、バランス美人！

いつの時代も
「時」の条件を身にまとって
新しい「美人」は生まれてきます。

ホラー美人と退屈美人、ガラ悪美人とストイック美人、そしてコンサバ美人。私が今の時代に感じている美人のバリエーションはこのように多彩です。現在は多様化の時代、あらゆるものの裾野が広がり、人々の思考や行動も様々なバリエーションが生まれてきました。かつて美人と名付けられたイメージは、私が今感じる「コンサバ美人」の範疇に入る美貌ではないでしょうか？

１９６０年代からファッションは、クチュールの時代からプレタポルテの時代へと移行してきました。様々なクリエイターが出現して、それまでの美しさの基準を次々に変えていくことになり、多くのファッションアイコンや、ミューズたちが出現、一般の人々にも「美」のバリエーションを認識させます。ファッションの仕事に携わる私の中にも、様々なバリエーションが生み出されました。

ただし、美人に格付けはありません。あるとすれば、「魅力・指数」の高さだと思います。

それでは私の思う、その様々な美人の「魅力」を伝えていきたいと思います。私の中では、どう見ても彼女たちは、お金持ち！と感じる、**金持ち美人**の存在があります。育ちの良さを感じる、凛とした顔立ち。時代に媚びることなく焦りも感じさせない落ち着いた眼差し。お高いものを身につけても、こなせる装いの雰囲気！　例え、彼女たちの生い立ちは知らずとも、そう感じさせてくれるリッチな魅力。

かつて私はジャクリーン・ケネディやパロマ・ピカソ（服飾・宝飾デザイナー）などにそれを感じました。実際、彼女たちは恵まれた環境に生まれ育ち、一般人よりも人生をスタートさせるポジションが有利だったのかも知れません。

クリエイターたちが提案したいかなるドラマティックなコスチュームも、さらりと日常着のようにこなしてしまう、装いのパワーみたいなものを感じさせて、さらなる「美意識」へとクリエイターたちをつき動かせる力があるように思います。そのスピリットは今も生き続け、時折そう感じさせてくれる女性は、現代でも出現します。

そして、それぞれの時代が焦点をあてる、**ホラー美人（個性的）**！

プレタの時代に移行すればするほど、時代は個性的な美人に興味を持つようです。

かつてのファッションの世界は、コンサバティブな美しさ（クラシックで整っている）と、恵まれた生活環境を持った人々のものでした。ファッションが一般的に解放され、日常の装いにまでモードの匂いが提案される時代になると、クリエイター（コスチューム）たちは競って個性的な美人をランウェイで紹介して話題をさらいます。昨今では、年齢やサイズなども自由に表現されるようになってきました。

私の中での「ホラー美人」とは、敬愛を持って表現すべきもので、クリエイターが強烈な個性を表現すればするほど、彼女たちはその作品にフィットし、現代的な匂いを醸し出してくれます。

現実の世界でも、次々に展開されるスタイルや着こなしは整った顔立ちの美人よりも、どこか個性的なバランスを持った女性の方が、その人なりの良さを生み出せるのでしょう。

このように先を行くモードやファッションを引きたたせるフェイスの持ち主を、私は「ホラー美人」と表しています。

脱！「コンサバティブ」が「かっこいい！」につながる現代だということでしょうか？

そして、ファッションの着こなしも大事な「美」の要素として見られるようになった現代、**バランス美人！**の出現です。

かつて美人は顔が命と思われていた時代がありました。ファッションの浸透とともに、それを着こなせる女性！　足早に流行が変化していく中で、次々にそれを表現できるスタイリッシュな女性。

頭の先から足の先までのスタイルと美しさのバランスの良さ！

「美」が全体を１００と捉えるなら、そこにはプラスとマイナスが適度に配分されています。そうした彼女たちは、スタイリッシュなビジュアルのバランスだけでなく、現実の生き方や、生活スタイルにまで興味を持っていて、一般の人々が憧れる「手の届きそうな高根の花」という存在感を放ってくれています。

そしていつの間にか、かつての、**「コンサバティブ美人」が、私の中では「退屈美人」**と感じるようになりました。

文化レベルの向上や環境の進歩などによって「美人人口」は増えているはずです。時として「若い＝美しい」と言う定義づけを行ってしまっています。化粧を美しくほどこしていることで、あまり顔の造作に視点が行くことは少なくなくなりました。

「隣の美しいお姉さん」や、「隣のアイドル」なども一般化してきました。

コンサバティブ美人のハードルの高さは、昔より数段高い位置を求められているのかもしれません。

ファッション的な視点から言っても、ポジティブな要素やネガティブな要素が入り混じった現代では、主にポジティブ要素が求められる「コンサバティブ美人」の刺激の少ない立ち位置は一般的には、少し難しく感じるのではないでしょうか。むしろ「高級志向」を意識することが、彼女たちの魅力を生かせるテクニックではないかと思います。

ガラは悪くないけど、品がない！　ガラは悪いけど、品がある。私は時々、「ガラ悪美人」！

こう感じさせてくれる女性に出会うことがあります。品がないことはさておき、その場合の品がある女性は、ガラの悪い部分もチャーミングに変貌させて魅力につなげています。

都会育ちのエスプリを持った女性は自分が他人からどのように見られているかを俯瞰で

判断できている女性なのです。こういう女性がお高いコンサバティブな装いをすると、育ちが良く知的な「ガラ悪美人」として魅力を発揮します。

自信と余裕をもって、彼女たちは「ガラの悪い」ことをファッションにおけるきわどいゲームのように捉えているのかもしれません。

そしておっかない「ストイック美人」！

彼女たちは70年代から80年代にかけていわゆるキャリアウーマン時代に、魅力を発揮した女性たちだと思います。女性の社会進出が当たり前になり、従来の男性のポジションにまで女性の才能が発揮されるようになりました。

「才能ある女性＝ストイック」と結びつけられた時代。キャリアを積む尖った女性には「負」のイメージがつくこともありました。「解放と我儘」を取り違えた一部の女性たちの品の悪さや冷酷さも、周りが受け止めてしまうことによって、新しい時代の「カッコ良さ」とも思えてしまった頃です。まだまだ「ストイック美人」の生き方が難しかった時代でした。

その頃誕生した新しい女性像も、現代では「負」のイメージも消え、むしろ女性の新しい生き方と敬愛されています。そしてその頃、対極にあったアイドル像にも「自立した女性美」への道筋を作ったのかもしれません。

遠い昔には存在しなかった「女性美」が女性たちの生き方から生まれて、しなやかに現在に浸透しています。それを思うと、私は次の時代に生まれてくる新しい「女性像」にも、また期待してしまいます。

私の視点から美人のバリエーションについて述べてきましたが、多様化された現代では、個人が感じる「美人の定義」は様々です。ただ言えることは、顔立ちの美しさだけではなく、内面からくる「魅力」というものが「美人指数」を決めます。「美」しい「人」とかいて美人と読みます。「魅力」「美しい」「人」という美のスパイラルがつながって美人は生まれます。

それは服作りにも当てはまります。クリエイターたちはビジュアルの美しさだけではなく、女性の持っている内なる魅力を引き出そうとして新しいクリエーションに挑戦していきます。

いつの時代も、「時」の条件を身にまとって、**新しい「美人」は生まれていきます。**

chapter 10

成熟した大人文化への壁

「若い＝美しい」ではなく、
美しさとは魅力です。

「セクシー」という言葉の持つニュアンスを、「かわいい！」という感性で世界に問いかけた日本人――。

その日本的感性が大人に向かうランウェイで、必ず対峙する「成熟」と言う壁！

最近私が講座を開いた中で、右記のテーマには、聞いていただいた方たちからも共感をしていただきました。成熟した年齢の方たちだけではなく、若い方からも、そして男性からも興味を持っていただいています。

世の中には「エイジレス」という言葉が氾濫しています。ここ数年、ファッション業界でも、大人の女性に向けたブランドのコンセプトとして根幹を成すのは、この言葉のようです。本来なら「年齢を超えて……」というニュアンスも含んでいますが、現実には即席的な「若見せ」のニュアンスで使われていることが多いようです。

多くの情報誌やファッション誌なども、視野を広くエイジレスという言葉で特集などを組んでいます。特にファッション誌においては、ビジュアル的に若さを追求することに終始する傾向が多々あります。

ファッション、化粧品、健康食品などこれらの使命は、体力的に、あるいはビジュアル的に、**「何歳引き算できるか？」**と誘惑的な言葉や説得力を持って、我々にアプローチしてきます。

その結果、我々はビジュアル的に「老いる」ことには過敏になり、人間的な「成熟」ということは、ついつい置き去りにされているのが現状だと思います。


私はファッションデザイナーの立場から、女性が年齢を重ねて、その時代、時代で新しい魅力を積み重ねていくことに、とても興味を持っています。

女性デザイナーたちが、無意識に自分自身の「成熟」を表現していくのに対して、男性デザイナーが客観的に外側から女性の魅力の移り変わりを感じることは、デザインする側としてとても興味深いことです。

「老いる」と「成熟」は違います。

これら二つを同じライン上で並べてしまうと、どうしてもビジュアルだけに意識を向けてしまい、歳を重ねた時点の魅力を見つけにくくなります。

その結果「いくつに見える？」という「セリフ」が当り前に使われるようになります。

若い世代向けにデザインされた服を、全く同じように着こなせることに勝利感を抱くことになります。また女性たちの中には、この年齢でこのようなことができる。例えば、この年齢でもヌード写真集あり！という過激な提案もされています。

いつまでも、ゼッケンをつけて走り続けることも素晴らしいと思いますが、「老い」に逆らって挑戦をしても勝負の結果は見えています。

装いという面から、若い世代は二つの飛び道具を持っています。「露出」と「シェイプ」です。これを武器に若い世代は若さを言い切ります。残念ながら、成熟した大人の女性には全く同じ表現はできません。それに対して「彼女」は、こう言ったそうです。

「必死で若作りしている女性が、一番老いて見える」

装いの革命家ともいえる「ココ・シャネル」はこのように示唆しています。

それは男性側に責任がある！と多くの女性は思っているでしょう。

しかし、年齢的な若さやビジュアルに、最もこだわりを持っているのは、むしろ女性の方かもしれません。しかし、その議論はここではさておき、多くの男性も女性も若さと美しさを混同しているところがあります。

「若い＝美しい」ではなく、美しさとは魅力です。

年齢に関係なく、魅力を感じさせる事はできるはずです。近い将来、それが証明されるような成熟した魅力を新しく提案されたり、発見されたりするでしょう。

女性に限らず男性たちにも、それは当てはまります。ただ私は決して女性のビジュアル的な「若見せ」努力に否定的ではありません。むしろその、**エネルギーは頼もしく、創造的だとも思います。**

しかし、私はファッションデザイナーの立場で、若い人のために提案（ファッションに限らず）されたものはやはり若い人、大人の女性のために提案されたものは、大人の成熟感を持って装うことで良さが引き出されるように思います。その思いが、常々、**女性の「成熟」とは？**を私に考えさせてくれるようになりました。

ある女性は成熟の過程で、「変貌」を繰り返していきます。ティーンの時代、そしてレディー、マダム。いつの時代もブレなく歩んでいく女性もいます。その都度全く変わってしまうこともあります。美しく成長してその年齢ごとの魅力を発揮していることもあれば、必ずしもそうでない場合も……。

「若い頃の美しさや感性は、どこに消えてしまったの？」

その人の魅力を追ってきた人々（男性女性を問わず）にとっては、がっかりさせられる事です。

特に女性の人生には、結婚や出産などの大きな節目があります。社会での自分、家庭での自分なども含めて、それらが成熟の過程でプラスの要素になったり、マイナスの要素になったりして、ビジュアルや感性に影響します。周りの環境や人々に影響されたり、支えられたりして、女性は成熟の過程を歩むのです。それらはすべての女性に当てはまることでしょう。

しかし、日本の「国民性」からみると、一つの疑問が浮かびます。女性が成熟する過程で考えなければならない「性」に対する受け止め方……。

日本人の「性」に対するスタンスやアプローチは、欧米諸国の人々とは違います。

性的な魅力をポジティブに捉えている諸外国。性的な魅力に対してネガティブなイメージを持っている日本人。そのうえ、欧米諸国と比べてポジティブに表現する要素（身体的）を日本人はクリアーできません。

欧米人は「セクシー」という言葉を日常的に使います。その意味は、性的魅力がある、色っぽい、物事が新しくてかっこいい、人目を引くなどです。セックスシンボルとして人気のあった女優のマリリン・モンローは、好感度を持って受け止められていて、現在もなおミューズとして忘れられない存在です。清純、気品、優しさなど日本のミューズの必須条件とはかなり違います。

「セクシー」と同様の意味としての日本語に「色気」という言葉があります。しかし、それは「感じる」と「香る」くらいニュアンスの違うものに響きます。「色気」には、視覚的に見えなくても通じる、**「奥ゆかしい」という日本人の感性があります。**

ファッションに重ねて考えてみましょう。もともと洋服文化を土壌に持っていた欧米諸国でさえ、何十年か前までは「エレガント」や「上品」さをアピールしてファッションを展開してきました。女性の社会進出や文化の移り変わりに伴って、ファッションの表現も「性」を感じる美しさや、女性の「官能」を表現することに目覚めていきます。ファッションにおける女性美の進化も、少女時代の美しさから大人の女性の成熟した美しさまで、まっすぐに引かれ、性的魅力を表現することもごく自然にクリアしていくようになりました。

しかし、「性」の表現に対して、ネガティブ意識を持っている日本の国民性では、ファッションにおいてもディティールや、フォルム、露出のバランスなどにも、今でも消極的な一面があります。性と好感度を結びつけるコンセプトは見当たりません。

ところが、日本人が超えにくい「成熟の壁」の代わりに世界に向けて差し出した「感性」もあります。それは、**「カワイイ」です！**

（小さくて）愛らしい、子供っぽい、無邪気で憎めない。この意味の英語に通じる単語は、

pretty（プリティー）でしょう。しかしながら、彼ら（欧米諸国）は、カワイイ（Kawaii）を「プリティー」だけに置き換えません。

日本人の感性から生まれた「カワイイ」というファッション用語は、世界にも通じているからです。それは今や、世界の共通語で、辞書に記されている意味以上に日本人の感性を表現しています。

コンサバティブからスタートした日本人の洋服文化に対する感性は、成熟の手前にある「性」の表現で立ち止まっていました。

どんなに大胆に性表現された物の中からでも、（ファッションだけにとどまらず……）日本人は、「カワイイ」の定規を当てて、あるいは顕微鏡で覗くように、カワイイ要素を発見して、日本人の感性に引っ張り込んでしまいます。少なくともそれがスムーズに感じられるものが、日本で受け入れやすいものだと思います。

日本のアイドルの世界にもそれは感じます。アイドル仕掛け人たち（大人の男性）は、彼女たちを成熟の一歩手前で立ち止まらせます。男性目線で決めつけたアイドルイメージに沿って彼女たちは成長していき、やがて「卒業」と言う形をとって、次のステージに進むわけですが、欧米諸国のアイドルから見ると、必ずしもその切り替えが成功するとは限りません。国民性の持つ「性」への拒否反応が「女性の成熟」という感性と向き合い切れていないように感じます。

けれども、私は日本人が持つ「性」に対しての負の要素が、新しい文化や感性を産み落としたようにも思えます。近年世界が注目する、**「『コミック』ワールド！」の誕生です。**

コミックは、少年少女向けの漫画から始まり、劇画というドラマチックなものに発展していくと、政治家や教師など知識人の間にも愛読書として受け入れられてきました。スマートフォンがポピュラーになる前には、電車の中でも、大人が漫画を読む風景も見られました。今やコミックの中では、「性」の表現も取り入れられ、現実より過激にファンタジーとして表現されています。

もはや紙面だけにとどまらず、イベントやコミュニティーにも発展して、世界中が新しく日本から創造された「感性」に気付かされています。

カワイイとエロティシズムが共存した世界！

さらに、立ちはだかった壁は、もう一つの感性の世界を日本のファッションにもたらしたように思います。

ビジュアル先行型で作られる洋服の世界

それは、情緒的に、ボディーの美しさを表現する従来の服飾の世界に刺激を与えました。コンセプト、素材（洋服生地の範囲も越えて）、工作とも思える造形的なディティールなどを人間のボディーに重ねたときに生まれる結果的な美しさ。これらのプロセスはヨーロッパの洋服作りのプライオリティー（優先順位）とはまったく違います。その感性は、**アバンギャルドの世界を越えて、アートの世界へと羽ばたいていきました。**

それらを従来型の洋服の世界と同じくくりでとらえるのか？どうかは別として、80年代に日本から発信された「アートフルな服飾の世界」は世界に刺激を与えました。世界中のクリエイターが当初はその刺激に戸惑いも覚えたことと思います。今や、日本が創造した「服飾の世界」における考え方は、ファッションだけにとどまらず、文化の中で存在する多くのものまでも染めあげてきました。

現代の「現実」が、歴史に変わる頃。「成熟の壁」はどんな風に人々に感じられているのか、私は興味を持っています。そしてこれからも、その壁に対峙していくクリエイターや女性たちは新しい感性を反映した、女性の魅力を生み出していくはずです。

男性デザイナーである私は、その人の人生で表面上は見えない美しさを「ファンタジー」と感じてきました。そして、その人の人生が見える現実的な美しさを、「成熟」と表現したいと思います。

chapter 11

ファッション的、女優論

「感性に教師などない！」

「昔の女優さんは、皆さんすごく綺麗だった」

このような言葉を私は時折耳にします。映画関係者はもちろんファッション業界の人々、カメラマンやスタイリストさんたちからも聞こえてくる言葉です。

「女優論」などといういささか悦に入ったタイトルをつけさせていただきましたが、**私の生家はもともと「映画館」を営んでいました。**

戦争が終わった年が1945年、私が生まれたのが1950年。混乱が終わって何とか食糧危機も抜け、ようやく世の中が落ち着いてきた頃だったようです。物心つく頃は復興から高度成長に入っていく時代にさしかかり、昭和のベビーブームの最後の年代である私には戦争の記憶も無く、むしろ日本が発展する過程を体感しながら成長することができました。

まだテレビが普及するずっと前の時代、人々の娯楽は映画でした。現在は「シネマコンプレックス」という施設が存在しますが、当時、田舎の街（やっと街と言える賑わい）にも映画館は点在していました。しかし、それは「館」と言えるほどのものではなくて、

「小屋」と表現した方が当てはまっていたかもしれません。
上映するプログラムは1日三本立て。週替わりで、月に四回、ひと月に十二本の新作が上映されます。今では考えられない本数の多さです。朝の9時から夜の11時までの三回上映、お客様は一回の入場で三本の映画を鑑賞することになります。それでいて入れ替え無し。

今のようなショッピングモール、イベント、テーマパークなどのない時代です。若い人々のデートのスタイルは映画館と喫茶店がおきまりのコースでした。当時の彼らなりのスタイリッシュな装いも、つい先月彼らが見た映画の中のヒロインと同じように装っていたはずです。

物心ついて、初めての私の記憶は「館」のまわりを大勢の人々が取り囲んでいる光景でした。それは映画館の開場（通勤ラッシュのプラットホームくらいの人数）を待っている人々だったのです。
幼児（3歳くらい）の私の目線は、せいぜい大型犬くらいの高さだったように思えました。見上げるようにして見た人々の「興奮」が伝わってきたことを今でもよく覚えています。それは当時の人々（老若男女を問わず）を沸かせた岸恵子と佐田啓二が主演の**伝説の映画「君の名は」**の上映を待っていた男女の群れだったのです。

当時、日本映画として大ヒットした作品で、特に劇中のヒロインのストールの巻き方は、「真知子巻き」と呼ばれ、一般の人々の装いにも広がっていきました。


既に私の生まれた年から開館していた映画館ではありましたが、私の「映画」と「女優」の記憶はそこから始まります……。


私の成長とともに、映画界は黄金時期を迎えて、いくつかある映画会社も量産体制をとっていきました。50年代、60年代と全盛期は続きましたが、70年代に差し掛かると、テレビに押されて斜陽産業となっていきます。

しかし、それまでに数知れないほどの「女優名画」に触れ育った私の記憶は、10歳ほど歳が離れその頃に「思春期」を迎えていた人たちの体験した記憶と一致しています。

それらの「女優名画」について語るのは別の機会にするとしても、その後、私がファッションデザイナーを目指すことになるのは、明らかに、美しい女優さんたちの姿を目に焼きつかせた幼児期から始まります。

このような理由で女優論を語るのも、やっと、**人生という言葉が使えるようになったお年頃？**

「昔の女優さんは綺麗だった」

今、皆がそう思うのはなぜでしょう？　現代では、撮影技術や照明の技術の革新的な進歩は、昔とは比べ物になりません。化粧品の品質やメイクのテクニックも半世紀前とは格段の差があり、美しく見せるための装いも、ファッションに対する情報や理解も進歩しているはずです。そしてなによりも、**文化レベルが違います。**

当時のファッション写真やポスターに掲載さているのは、現在のようにモデルさんたちが登場するのではなく、ほとんどが女優さんたちでした。その当時は、撮影にも労力と時間がかけられただろうし、カメラマンや周りのスタッフ、なんといっても女優さん自身の集中力が要求されたことでしょう。しかし現在の写真撮影はアナログからデジタル処理に完全に移り変わっています。

私にもこのような経験がありました。

雑誌掲載のためのファッションフォトを撮っていた、70年代、80年代の頃です。撮影はまだまだアナログの時代でした。1カットにかける時間も長く、良いものを作るには、カット数もそんなに増やすことができなかった時代でした。モデルさんを始めスタッフ全員が、集中力を持って挑んでいました。映り込みや汚れなどのミス以外の修正など考えていなかった時代です。

しかし、現在では、デジタルで使える技術は全て合理的に使ってしまいます。そこから生まれるものが時代をベースにした美しさと捉えられています。撮影現場でも、ヘアースタイルのちょっとした乱れや肌のニュアンス、照明の具合なども、**「後で修正をするから……」**という声が聞こえてきます。

気に入った表情と気に入ったポーズで首だけをすげ替えることも場合によってはあるはずです。「昔の女優さんは……」と改めて、思えるのはなぜでしょう？

「昔の女優＝銀幕のスターたち」には、今のように「偶然に街の中で会えたりするのか？」とは考えもしなかったのです。

ポスターやブロマイド（俳優、歌手などのハガキ大の肖像写真）を見て、動く彼女たちを見ることができるのは、映画館の巨大なスクリーンしかなかった時代です。映画が彼女たちと一般の人々を結ぶ唯一の世界でした。

現在のテレビの世界のように「手の届きそうな高根の花」が人気を集める基準ではなく、文字どおり銀幕のスターたちは、一般の人たちが憧れる、**手の届かない高根の花！**だったのです。

そこにはスクリーンの中の彼女たちの美しさを理解した周りの人々（その時代の監督、脚本家、カメラマン、照明、プロデューサー……）がいました。彼女たちの魅力を最大限に生かし、映画づくりに魅いられた人々がいたはずです。そうです！　私たちが彼女たちを今でも美しくきれいな人と感じるのは、一人ひとりの持つそれぞれの個性豊かな、**「魅力」が銀幕の彼女たちを美しいと感じさせてくれるのです。**


女性の根幹を見抜く力や人の魅力を見極める力が、監督たちやその周りの人たちにも、今よりももっと充満していたのでしょう。まだまだ、時代が進み多様化になる前、まだ、**「感性に教師などない！」**と感じられた時代に、自らの感性を信じ、彼女たちの魅力を導いた人たちの存在があったからなのでしょう。

彼女たちを綺麗と感じさせたのは、目鼻立ちが整っていただけではなく、「感受性が感じられる顔＝魅力的＝美しい」と解釈された時代のせいかもしれません。独自の感性を持って、女性の魅力を見抜く力を持った人々に導かれ、それに応えた人たちを私は「銀幕の女優」と受け止めています。

ファッションデザイナーでいることによって、仕事上、一般の方たちよりも「女優」の皆さんに出会う機会も幾度かありました。昭和の時代から彼女たちのルーツを探ってみても、常に共通するものを感じるのは、**「女・優・指・数」の高さです。**

本書の前半に、男性クリエイターと女性クリエイターの違いに触れています。男性クリエイターが、女性のボルテージの一番高いところから、クリエーションのスタートを切るのに対して、女性クリエイターは、女のボルテージの一番低いところからスタートを切り、現実的なもの作りを得意として、等身大の自分を少しずつ進歩させていきます。

それに比べて、１００パーセントの高みからスタートを切った男性クリエイターは、理想とするミューズを描き、美しさをさらに至高の高さにまで追求します。そしてファンタジーという世界で人々の憧れのイメージを提案します。このように男と女の感性の在り方は少し違います。しかし、

「女優は、男性である！」と例えられることがあります。

それは彼女たちが男性発想のように、１００パーセントのボルテージの高い位置から、さらにファンタジーの世界へ人々を引っ張っていく力（魅力）に満ちているからではないでしょうか？

私はその力が「女優指数」の高さだと感じています。演技力や容姿を論ずる前に、「魅力」というものを感じさせられることが、彼女たちが多くの人々から憧れの対象となる由縁ではないでしょうか？

女性でありながら、１００パーセントのさらに先に進むことは、地雷を踏む危険性や人生で犠牲を払うこともあるでしょう。

しかしながら、**女優と言う文字は、「女」「優れる」と書きます。**

俳優としての演技力やテクニックを超えて、女優に不可欠な魅力の源となる強さ！と意識！を彼女たちは持っています。

デザイナーである私はそのことにいつもインスパイアされ、横串である流行の条件よりも、普遍的な女性の魅力を探ることに気づかされてきました。

ファッションがまだ銀幕でしか鑑賞できなかった時代。

彼女たちの銀幕での装いにインスパイアされ、後のファッションデザイナーという私の職業に影響を与えてくれました。華やかに乱立するそれぞれの女性の「性」のようなものの存在感であり、**洋服のデザインや技術以前に存在する「普遍的な女性の姿」を感じました。**

当時はたくさんの洋服が世の中にあった時代ではありません。既製服にあふれている時代は、まだずっと後のことです。

明日の撮影のために、前日に洋服をチョイスすることなど不可能だった時代でした。それでも彼女たちの存在が百花繚乱のように、華やかに映ったのはなぜだったのでしょうか？ 清楚、優雅、豪華、上品、そして官能的など、彼女たちから表現されたものに観客たちは魅了されたのだと思います。

洋服も程よい主張を持って、彼女たちを支えていました。そこには、「昭和の美」と思えるような、**女性の官能を程よい優しさで閉じ込めた、上品で美しい女性たちがいました。**

時代が進み文化レベルの向上や、多様化の時代に移ってきた今、洋服がその「情緒」を自由に表現できる時代になると、現在の女性たちのまなざしからは、官能や、情緒性を内側に漂わせた昭和の女優の美しさは、消えていったように思います……。

現在は銀幕を見上げてため息をつくような時代ではありません。魅力の基準は、「高根の花」から「隣のきれいなお姉さん」に移りました。彼女たちがショッピングする様を街で偶然に見かけることもあるでしょう。手の届きそうな場所で存在することで親しみやすさも感じます。

今の時代の楽しみ方を私自身も受け止めているつもりですが、しかし、今でも私は、こう思っています。

女優には「演技賞」よりも、必要なのは「魅力賞」であって欲しい。

chapter 12

捨てる断捨離と、自分を手に入れるための断捨離

「断捨離」とは捨てることではなく、あなた自身を掘り下げることです。

断捨離！　大人の女性のためのファッションや、生活雑誌から、この言葉を目にしない時はありません。美容、健康管理、ダイエットと同じように、物に対して行うダイエットとして、今や断捨離は人生を振り返る年齢になった人々のマストの行動のようです。

しかし、雑誌が提案している断捨離は、ウォーキングクローゼットにブティックのように洋服の配置を整えることや、ストレスのない整理の方法などの提案が多く目につきます。

現実はどうでしょう？　広々としたウォーキングクローゼットや収納スペースの確保などは、一般的には、なかなか無理がありそうです。


近年は、エコやサステナブルなどの言葉が飛び交い、もう一度、「物」に対するスタンスを問われる時代になりました。

70年代前後から、ファッションを楽しんできた我々、団塊の世代もある年齢に達し、徐々に周りをシンプルにしていきたいと考える人が多くなってきたようです。

そもそも人はなぜ断捨離をするのか？

そこにはいくつかの理由があります。まず初めは、**収納場所が足りない。**

洋服文化を持たなかった日本では、和服は畳む収納が基本とされてきました。そのため、住宅事情が欧米と比べて大変違います。最近こそ、ウォーキングクローゼットやストレージルームなどが考えられている間取りになっていますが、今に至るまでは、風呂さえあれば駅からの距離は度外視と思って若い頃を過ごした人々も多くいるはずです。

少し見方を変えれば、もともと人口の多かった高度成長期、日本人のお金の使い方は、住宅事情に目を向けるより、まずファッションだったはずです。欧米諸国からの情報を信じて、**急速に洋服文化が繁栄したことも日本の特徴でした。**

社会でキャリアを積み、活躍できる年齢になって住み替えを考えたとき、まず私たちは収納を考えたはずです。自分自身が精神的にも美しく生活できるためであり、友人を迎えたときのためにも、ビジュアル的に整理された部屋は、その人の性格や生き方を感じさせてくれるからでしょう。そうして、私たちは小さな断捨離を幾度か繰り返してきました。そして、**年齢を重ねて、ビジュアル的に以前とは違ってくる。**

大人になって、自分自身の感性も安定してきます。経済的にもゆとりができ、さらに多くのものをチョイスしていきます。

しかし、10年、20年の時の流れの中で、私たちのビジュアルやボディのフォルムが同じであることは不可能です。時代そのものも変わっていき、時代が判断する美意識もあなたに新しい答えを求めてきます。

感性に終着地点はありません

今よりも若い頃に、「答え」を出したあなた自身の感性やビジュアルも、時代と相談しながら、変化させていく時期が来るでしょう。

昔、自分でも納得した個性、そして周りからも好感度として受け止められていた個性。それを守り続けようとする人たちがいます。その個性は、新しい時代にどのようなニュアンスにアップデートされているかを見極めなくてはなりません。そうでなければ全く同じものは、中身の変化を遂げているあなた自身をかえって古いものにしてしまうからです。

ファッション（洋服）は、人間の付き合いと違って一生モノはありません。

よく私たちは一生モノだからと、言い訳?をして高価なものや優れたものと思えるものを買ってしまうことがあります。

人の付き合いには、自分も相手も、お互いがフィットできるように時代によって変化していく努力をしますが、洋服は悲しいかな、変化していくあなたについてきてはくれません。

それはいずれ断捨離の対象になり、あるいは安心感だけで持ち続けていたりして、一生モノとして使い続けるつもりだった約束を放棄してしまいます。

そしてもう一つ最後に、考えておきたいのは、**現代は多様化、多面性の時代です。**

過去に一つひとつ流行が紹介されてきた時代とは違い、優れた方法でアップデートされたものが、スタイルとして生き残っています。どのようなアイテムをどのような場面で、どのように生かすかは、あなたの個性にかかっています。着用する側の良識や知性に委ねられるようになりました。

若い人々に対しては、多様性、多面性や、アイテムの数もおのずと増えていくでしょう。

しかし今、成熟期を迎えようとしている人々には、生き方や行動も絞られてきたはずです。

おのずと、自分のスタイルも生き方も決まってきます。

それゆえの断捨離であって欲しいと思います。

このようなことはありませんか？

■あげたものを返して欲しい（あなた以外の人が、あなたよりそれを上手に着こなしている）。

■後日同じようなものをまた買ってしまう。

■人が自分の持っていないものを上手に着こなしていたら、自分も買って着てみたい。

なぜ、このように逆流するのでしょうか？

物理的な理由だけで断捨離を進めていっても、地面の雑草を刈り取っただけで、その根は根絶できていません。

私はこの章を書くにあたって、ある「名著」に出会いました。

当時から話題になって人気のあった近藤麻理恵さんのいくつかの著書です。『人生がときめく片づけの魔法』（河出書房新社）に始まり、何点かの著書を刊行されています。どれもベストセラーで、YouTubeも始まり、アメリカに在住しながら、多方面に活躍されている様子です。

タイトルを見て人々は、お片付けのハウツー本と思って最初は手に取るでしょう。もちろんその方法は彼女のアイディアと知識で楽々とクリアされています。改めてその合理的でスマートな方法には納得させられ、お片付け参考書として私の本棚にも鎮座しています。しかし、私はこれらの本を彼女の「哲学書」と捉えています。片付ける対象は主に服飾品から始まりますが、その根本的な理由を彼女は鋭くついています。

私の服飾デザイナーという職業は、人々が増やしたり減らしたりする材料になるものを生み出している立場です。服飾品はその人の人生に知らず知らずのうちに大きな影響を及ぼしています。そのことを、彼女は単なる物として見ているだけではなく、もっと深い部分からとらえているところに、私は感銘を受けました。彼女の言葉を少し引用させて頂くと、

「捨てられない原因を突き詰めていくと、実は二つしかありません。それは、**「過去に対する執着」と「未来に対する不安」**この二つだけです」そのことをさらに近藤さんはこう説明しています。

「ものが捨てられない時というのは、『今、自分にとって何が必要か。何があれば満たされるのか。何を求めているのか』が見えていない状態です。自分にとって必要なモノや求めているモノが見えてないから、ますます不必要なものを増やしてしまい、物理的にも精神的にもとんでもない……」

「モノの持ち方は、自分の生きる上での価値観そのものを表しているからです。何を持つかは、まさにどう生きるかと同じこと」

大事なことは、**「断捨離」は生き方の提案にまでつながります。**

その考え方を知って、私は「服飾デザイナー」という職業への責任を改めて感じました。しかし、多様化、多面的な現代では、感覚的に自分を見失いそうになっている人々も多いと思います。

自分にとって何が必要か？
何があれば満たされるのか？
何を求めているのか？

このことを自身で見つけられなければ、「過去に対する執着」と「未来に対する不安」は消えません。彼女の哲学に寄り添えるように、服飾デザイナーの立場で提案していきたいと思います。

大人になって振り返ってみると、一度や二度の「お片付け」は経験されているでしょう。ファッションを追いかけて、おしゃれに敏感な方はなおさらその回数も多いはずです。しかし「お片付け」と「断捨離」は少しニュアンスの違ったものと私は捉えています。

後者は、おそらく充実した人生の三幕目の幕が上がろうとしているとき、長い人生の中で、いろいろなものからのアピールや主張で、手垢がついてしまった「感性」は、**多様化、多面化の中で混沌としています。**


そのことを、自分できちんと整理してみることだと思います。

自分自身を深掘りする断捨離のために、もう一度次のいくつかのことを見つめ直してみましょう。


【年齢】

近年は50代から70代に対してのライフスタイルの提案も増えてきたように思いますが、主流はまだまだ20代から40代でしょう。

また、それらを提案する側の現場は、おそらく30代、40代が主流でキャリアの途中の人たちで構成されています。

シニアの世代は家族の中にもいらっしゃるでしょうが、あくまでも想像の世界でしかありません。シニアの疑問を若い層が解決できるわけでもありません。そのため提案されることは、やはりお片付けの範囲にとどまってしまうことが多いようです。

シニアにとって未知への道のりは、**自分の主体性を持って決めなくては、現実に寄り添うことはできません。**

人生を振り返ってみると、若い人たちよりも、自らが考えなくてはいけない材料が豊富なはずです。よってあなたが、**あなた自身のライフスタイル雑誌の「編集長」であるとも言えます。**

【立場】

女性が主婦でお母さんと言われた時代は、とっくの「昔」に終わっています。現代では、主婦、母親、管理職、自由業と表現することができます。ときには男性の立場の職業でも女性の活躍の場は広がりました。ある女性にとっては日常のスタイルが、おしゃれなイベント服になったり、スポーツウェアが街着になったり、ワンマイルウェアがクオリティーをアップさせてお洒落着になったりもします。多様性と多面性はそういう時代に、**必然的**

な理由から生まれたファッション性だといえるでしょう。

【環境】

現在では、都会、ベッドタウン、カントリー（地方）など、どの場所も住むため、働くために、人々が選ぶ場所はそれぞれ違ってきます。仕事、結婚、年齢などによっても条件は変化していき、場所も選ばなくてはなりません。それによって、好みを変えたりスタイルの比重が変わったりもします。

【ビジュアル】

いつもコントロールしているつもりでも必ずしも、自分の思いどおりにはなりません。年齢によっては体調も変わってくることがあり、自分の好みの服とのバランスが悪くなることもあります。あるいは、自分が希望するイメージ（優しい感じ、シャープな感じ、華やかな感じ）とは知らず知らずにかけ離れていく場合もあります。

それらを冷静に、もう一人の自分に観察させてみてください。

自分の好きなものと、周りから見たあなたに似合うものとは違うことがあります。

好感度とは周りが決めること!

女性は自分が好きなものを選ぶが、男性は時にはその女性が似合うものも選ぶ場合があります。

それらを意識して、若い時代に自由に燃やした感性とはまた違った視点で、大人の良識や成熟感を意識して、自分自身を作り上げていきましょう。それはシニアの断捨離にとって大事なことだと思います。

そうして初めて「HOW TO本」を参考にしてみてください。その時、今の自分を深掘りしたあなたにはあなたオリジナルの「HOW TO」があることに気づくでしょう。

私の場合もいくつかあります。季節がファジーにつながっていく現在、私はオールシーズンの洋服を仕舞い込まないで出しっぱなしにしています。季節の温度だけでは判断できないうえに、単品コーディネートの時代に、少し季節がズレたもの同士でも、うまく着合わせれば、新鮮な着こなしができるからです。そうするとシーズン中に着忘れた洋服もなく、エコ贔屓もなくなります。そして厚みのあるハンガー（針金ハンガーではなく）に、整然とかけられた服は、服自身がその良さをあなたにアピールしてきます。それは後の、あなたの買い物の方法にも影響してくるでしょう。あなた自身に対しての絞り込みが見えた後は、意識を持ち始め以前よりは、あなた自身を引き立てるコーディネートが見つかるはずです。それからは、いつもトータルでものを考えられるようになり、着回しのセンスも磨かれるはずです。

そして、**男前主義の買い物の仕方（素材違い、色違い、丈違い）**など、自分にフィットするものや必要なものが明快になり、より掘り下げた物の選び方ができるようになるはずです。

「断捨離」とは捨てることではなく、あなた自身を掘り下げることです。

ただ物を減らしてシンプルにするだけではなく、少し人生を振り返って、反省や後悔も整理して自分自身をクリーニングする良いチャンスだと思います。

聡明で若々しさと、輝きを持ったあなたを発見し、おおらかに、より幸あるあなたを表現していきましょう。

ある小説のキャッチコピーに「美しく歳を重ねる女」とあり、それは主人公のことを表現していました。男性デザイナーにとって、美しく歳を重ねる女性は何歳であっても、ミューズとしてクリエーションの対象になります。私は、

いつの時代も深く、自分を掘り下げて自信を持っている女性を美しく、幸（服）感に満ちているように感じています。

chapter 13

センスの良い人は、デザイナーには不向き？

コピペ（コピー&ペースト）
時代の到来です。

創造力とはどこから？　服飾デザイナーに限らず、無から有を創造する人々にとって、必要不可欠なパワーとは？　またその方法論などをファッション分野からの見た視点で考えてみましょう。

一般的にデザイナーは、センスの良い人々だと思い込まれているようですが、必ずしもそうではありません。それでは、センスの悪い人の方がデザイナー向きなのか？　センスの良い人はデザインすることをあまり得意としないのか？　その辺の謎解きを時代の流れに沿って考えてみましょう。

私がファッションに目覚めた1960年代！

私というよりも、むしろ日本が、といったほうがいいかもしれません。私が10代を過ごした時代は、ファッション（装う）などという余裕がなく、運動靴、カバン、帽子など生活に必要な服飾品が、少しづつ市場に出始めた頃でした。

これらのアイテムには、デザインや自分の好みで選べるほどのバリエーションはなく、それらを手に入れられること自体、恵まれた環境と言えました。

そんな様子で始まった子供時代も、私が10代に入ると、衣料品の中に、少しずつ流行の服がスペースを占め始めてきます。

そして新幹線の開通、東京オリンピックなど日本の高度成長の波に乗って、様々なカルチャーも欧米諸国から上陸し、ビートルズや、ツイッギー（1960~70年代に一世を風靡したモデル）が大きく注目されました。日本の生活様式も、畳から椅子への変化が見られるようになりました。

その頃から、ちらほらと聞えてきた「ファッション」や「センス」という言葉は、今でいう「今年の新語」として取り上げられたのかも知れません。しかし「クリエーション」などという言葉は「芸術家」たちにのみ使われ、一般的にはまだまだなじみのない言葉でした。

もともと洋服の文化を持たなかった日本では、服飾をクリエイトすることよりも、ファッション不在な日本に、何を諸外国からチョイスして、持ち込むかが大事なことで、

クリエーションの才能よりもまず「行動」。人より先に見る！　知る！ことでした。

しかし、人より先に「手に入れる」ことはセンスや才能の裏付けではありません。「行動」です。ちょうどその頃、日本に上陸したものに、**「アイビー」という欧米諸国のカレッジスタイル**がありました。既に完成されたそのスタイルはそのまま日本に持ち込まれ、アメリカやヨーロッパの「学生の日常着」が、ファッションとして紹介されました。

その頃を境に、日本のファッションの土壌（産業として発展）が生まれ、現在まで続きます。ときにはファッションにおいて、世界のリーダーシップを取るほどの驚異的な発展を遂げてきました。

そして10代の私は、少し歳上のお兄さんや、お姉さんたちのアイビースタイルを見るために、わざわざ大阪の街にまで頻繁に出かけたものでした。

新しいファッション雑誌も次々に刊行され、それまでよりもスピーディーに、ファッションの情報も若者たちに届くようになります。

学校登校時は制服スタイル、帰宅すればジャージ（体操服）の2パターンしか無かった時代に、アイビースタイルの「私服」が紹介されたのです。しかし、現代のように全員がファッションを意識する時代ではなく、一部の若者だけが、まるで、**宗教のようにファッ**

ションにとらわれていました。

その結果、全員が同じアイテム、同じブランド、雑誌が紹介するいくつかのバリエーションどおりのスタイリングで、自らのファッションセンスを披露していたのです。深く考えることなく、そのブランドのその製品をいち早く着用することで、「良いセンスの持ち主」と見なされる時代でした。電車の中の数名の若者も、街角のワンブロックですれ違うお洒落なグループも、全く同じスタイリング！　一人ひとりが自分のアイデンティティーをファッションで打ち出せるほど、バリエーションが豊富な時代でもありませんでした。

今につながるファッションの目覚めは、そのような始まり方をしたのです。

しかし、私はそれに抵抗しました。おしゃれに仕上がったものを素直に受け止めて、雑誌に紹介されたスタイリングに沿った、装いをすればいいものを、「アイビースタイル」を受け止めていながらわざわざ何か自分だけの工夫をしたい。人よりもさらにセンスが良くありたいと思ってきました。意地を張る私の未熟な「創意工夫」は、ポイントの外れた「田舎者発想」にしか見えません。タンスの裏側に張り込んだコーディネート表も、努力の効果は生まれず、自分の中に、**私はセンスの悪い人間なんだ……**との疑念が生まれてしまいました。

自分のことをそのように感じている頃、ファッション界は、**「創造力」の世界から、センスの良い「チョイス」の時代へ**徐々に移り変わろうとしていました。

50年代に戻って、戦後欧米諸国では、ディオールや、ジバンシー少し時代が新しくなってもピエール・カルダンやクレージュなど、それまでになかったスタイルを生み出す「創作」的な発想を持つことが服飾界の重要なルールでした。

今までに見なかったスタイリングやディテール、新しい素材への挑戦など、人々がそれまで見たこともないものを提案できるクリエイターが、才能があり、そしてセンスがある、とも受け止められていました。

新しい美意識のもとに「創造」されたものが、百花繚乱の頃、過去の何かをチョイスして、ファッションとして再提案できる「創作力」が問われるようになります。60年代後半から70年代のいわば、**コピペ（コピー&ペースト）時代の到来です。**

過去に既に存在していたアイテム（タキシードや、トレンチコート、エスニックな民族衣装など……）はイヴ・サンローランや高田賢三によって新しいファッションに落とし込まれました。

続く70年代以降は女性の社会進出も始まり、多くの女性クリエイターたちも、誕生します。彼女たちは、現実の生活を進歩させるため、身近な「動機」にインスパイアされ、ものづくりを提案していきます。そこに必要なものは、「創作」というだけではなく、**趣味の良い現実を表現する「センス」が求められました。**

「創造力」や「センス」は時を重ねながら、追いかけあったり譲り合ったりして、人々の美意識を創り出してきました。では、**創造力とはどういうものでしょうか？**

それは、何かを作り出そうとするエネルギー、熱いマグマのようなもの。そして泥臭いパッションとパワーがそこには必要です。

個人的な感性が軸になり、時にはコンプレックスをポジティブに置き換えるエネルギーとパッションで、未来の洗練された「美」を創り出せるパワーのあるもの、と私は捉えています。

そこには泥臭い「足し算の美学」が存在します。

では、センスとは何か?
趣味よく仕上がったものを上手にまとめ上げる力、選ぶ力。泥臭さやアクの強さとは無縁のものです。もう何もしないことで趣味の良い「完成」が見られるときもあります。
時代の中に、「コーディネーター」「セレクター」「バイヤー」など出来上がったものをさらに消費者との新しいステージへ紹介する職業も誕生させていきます。

そこには洗練という**「引き算の美学」**が存在します。

すべてのものが出揃った今、**「創造」**と**「センス」**という本来は相反する二つの感性は皮肉にも共存しあって行かなければなりません。片方だけの、**センスだけではクリエー**

ションはできません。

「センスの良い人」というだけではデザイナーには不向きです。

それは、現代の有り余る物の中で、物酔いするがゆえの錯覚です。そして文化レベルの上がった今、エゴイズムな想像力にも、知的な冷静さが必要でしょう。息の長いクリエーションの生命線には、**「創造力」と「センス」の共存が必要です。**

二つの共存は、我々の生き方にもつながっているかもしれません。

エゴイスティックな「創意工夫」を凝らしていた10代の私がこれに気づくのはずっと後のことでした……。

chapter 14

華麗なる「貧乏発想」

おしゃれな人とは？

創った人の感性を正確に理解して、
向き合える消費者。

長くデザイナーをしていると雑誌等のインタビューで、「好きな洋服はどのような服ですか？」と聞かれることがよくあります。周りから求められている答えはシルエットであったり、色やディティールなどビジュアルを想像できるものです。もし答える側の私が、**「女のエッセンスが立ち昇ってくるような洋服」**と答えたとしても、とっさに理解できる人は少なく、答えに対する私の説明も延々と続けなくてはなりません。

ファッションの世界に従事している人たちならいざ知らず、一般の人たちには、ますます分かりづらい答えになると思います。

あるいは、具体的な名前を期待しながら、「あなたがライバルと感じていらっしゃるデザイナーは？」と質問を投げかけてくることもあります。そのとき私は即座に、**「すべての女性デザイナー」**と答えます。なぜなら彼女たちの発想の源には、男性デザイナーにはない、現実にインスパイアされた「華麗なる貧乏発想」と思える「技」があるからです。

先の章で、「男と女の感性の違い」について述べているように、男性クリエイターは現実をさらに未来に「進化」させ、その場所に女性を牽引していきたいと願います。一方で、女性クリエイターは現実のレールに添いながら生活の彩りを豊かにするよう「進歩」というクリエーション（創造）を選びます。

男性は女性にこうあって欲しいと思う姿を提案し、女性はこうありたいという姿を女性自身で表現していきます。このように両者の発想の源は違います。この違いを、**男性も女性も、自身が気づかないままに、同じレールの上で考えてしまいがちです。**

それは答えを出せるものではなく**「理解」**するものだと思います。

そのことに気がついたのは、私自身がデザイン学校を卒業して、社会に出てデザイナーとして仕事をし始めてからずっと後のことになります。

そこそこに経験を積んで自分自身のブランドを持ち仕事をしている頃でした。新しい素材を作ることで、私は自分の意見を通して、素材メーカーに発注をかけたときのことです。受け手である、女性のテキスタイルデザイナーと交渉の最中、私の発想を通すがために、少々予算的に無理なことを要求することも多々ありました。私が主張をそのまま通すと、結局プライスに跳ね返り、製品が良くても価格面で高価なものになることもあります。

そうすると、彼女は女性ならではの見事な発想で私の主張を受け止めて、私が思ってもみなかった答えを導き出しました。

私がその考え方を賛美すると、彼女は「とんでもない、私なんかの貧乏発想を」と言って笑いを誘ったことを覚えています。

彼女がいう「貧乏発想」とは、現実に寄り添い、その交渉の状況を優しく受け止めて、条件の範囲内で表現できる方法を探してみていたのです。男性発想のようにベストコンディションを持って、ファンタジーを捉えようとするアーティスト的な発想ではなく、現実に沿った発想であり、周りの共感を得るヒューマン（人間的）なものだと感じました。

その後の彼女との会話は、家庭での料理の話にまで及びました。女性は冷蔵庫にある物でなんとか、一品二品を作ってみようと考えるが、男性（彼女のご主人）の料理は、材料にやたらお金をかけてしまう。彼女の現実に優しい発想のメカニズムは、きっと家庭にも生かされているのでしょう。彼女の幸せそうな家庭の様子が伺えました。

私がファッションデザイナーに興味を持ち、勉強を始めた頃、世界中に名を馳せていたのは、クリスチャン・ディオール、カルダン、クレージュなど主に男性デザイナーでした。新しい時代に、洋服を進化させていく役目を持って、女性美を牽引していく様子は、確かに多くの人の共感を得たように思います。時代が進み、多くの女性が社会で活躍するようになる頃、現実社会に寄り添った発想で、クリエーションをする女性デザイナーたちの活躍が注目されてきました。

ファッションと衣料の壁が低くなった現在、多くの女性の発想のメカニズムは、あらゆる世界で通用しています。多くのファッション性のある生活雑誌が、それらを取り上げて私たちの日々の生活に提案しています。

実は、半世紀以上も前からその発想は生かされてきました。男性デザイナーが注目されていた時代に、わき目も振らず、我が道を進んでいた女性デザイナーがいました。

それは、**「ココ・シャネル」です。**

私はある時期、彼女のいくつかの伝記やドキュメンタリーに触れたことがありました。男性クリエイターが、理想のミューズを追い求めるのに対して、彼女のミューズは自分自身です。いつの時代も自身の感性が他の人々の先陣をきって前に進んでいました。それでいながら彼女は「現実という椅子」から立ち上がろうとはしません。最初に、自分自身を表現して、その感性にまず多くの女性からの共感を得ます。

「まず多くの女性」と書いたのは、男性は、彼女の女性発想のメカニズム（現実の世界でクリエーションをする）をとっさには理解できないからです。

ココ・シャネルの現実の世界から美を生み出す、**したたかな女性の強さを持ち合わせていながら、天使のような大胆な発想は、装いの方程式を変えました。**

私が感銘を受けた彼女の女性ならではのいくつかの発想は、**キルティングのハンドバッグ!**

レザーに四角いキルト(クッション性のあるミシンステッチされた加工)を施したシャネルの代表的なバッグは、女性だけではなく男性も含め世界中の人々が知るところとなったアイテムです。

小脇に抱える黒いハンドバッグから始まり、半世紀以上経った今では、世界中であらゆるものにそのアイディアは生かされています。

キルトが施されたレザーの柔らかなクッション性のある持ち心地は、女性の小脇にフィットし、そしてリッチに見える装いにも、優しく女性らしい甘さを添えています。

高級な服飾品であればあるほど、クリエイターたちが完璧な素材を望んで作ろうとするのは当たり前のことだと思います。レザーの材料でも、一番コンディションの良い部分を裁断して制作しようとします。少しの傷も避けて使うため、非常に効率の悪い贅沢品が出来上がります。

ところがその時代にあって、シャネルのキルティングのテクニックは、最高の材料と比べて少し差がつくものでも、別な価値観を出してしまう合理的な発想だったと聞いています。

もし、材料に多少の傷があっても、カモフラージュしようとする方法は、型押しなどのテクニックもありますが、彼女は手芸風なステッチワークで女性らしい優しさと甘さを表現していました。シャネルのバッグに施されてあるチェーンにレザーループを落とすテクニックも、強度を増すという物理的な理由からくる彼女のアイディアです。その現実的な理由から発想されたアイディアは、**見事にファッション性と結びついて、**今でもハンドバッグの王道とされています。

他にも有名なディティールに、ブレード（装飾的な飾りテープ）の縁取りがあります。これも最初の思いつきは、傷みやすい洋服の縁の強度をますための装飾と実用性を同時に表現したアイディアです。

思えば、男性のワイシャツなども襟と袖口が最初に傷んでしまいます。男性が胸元のポケットを活用するように、シャネルも小さなポケットをつけて、それを実用だけにとどまらず、後にシャネルジャケットを代表する装飾としての効果をも生みました。

トウ（先の部分）の部分が黒、本体の部分がベージュのシャネルシューズもその理由があるそうです。靴は全体が汚れるよりも、靴先がまず汚れたり傷んだりしがちです。まして淡い色などではそれが目立ちます。

メンズシューズにも、そのアイディアは以前からありました。どちらが先かは別として、仮に男物のアイディアだとしても、それをブランドのアイコンシューズにまで定着させた彼女のクリエーションは見事だと思います。

イミテーションジュエリーのアクセサリー類、着心地の良い柔らかなツイード素材、当時下着にしか使わなかったジャージの素材の使用など、彼女が女性としての生活の中から、気づいたヒントは、合理的でありながら現実の生活に彩りを添える多くの服飾品を生み出しました。

彼女のこれらの発想はまず、**自分のためのデザインを生み出すことでした。**

女性として自分のアイデンティティーを主張しながら、現実の世界での着心地の良さも手放しません。それでいながら、現実に妥協することなく、自らの美意識を前進させていきます。男性クリエイターたちがミューズを求めたり表現したりするのとは違い、彼女の理想とするミューズは自分自身です。

「お客様は神様です」という言葉がありましたが、彼女の言葉に置きかえると、**「お客様はライバルです」**だったのかもしれません。一人の女性として、自分の美意識を信じて、勝負をかけてきます。

出した答えに、どれくらいの女性の賛同を得られるかが、彼女のクリエイターとしての「幸福感」だったように思います。

男性クリエイターの作る洋服が、女性に厳しく緊張感を与えて美を表現するのに比べて、女性クリエイターの作る洋服は「女性自身に甘い」とも言われます。しかし、ココ・シャネルは、女性が楽な現実に甘えることなく、それでいて男性的な発想とは違った角度から現実を捉えて、見事にそのクリエーションを開花させています。

そういう彼女の創った洋服に魅せられたことがありました。1962年に制作された

「ボッカチオ'70」というイタリア映画の中で、当時人気のあった女優のロミー・シュナイダーが登場するシーンでのことです。

四人のイタリアの巨匠たちによるオムニバス映画の中で、ルキノ・ヴィスコンティ監督のパートに、彼女は登場します。パリのホテルリッツの一室で、ある日の午後の数時間に展開されるお話です。


高級ホテルの一室で繰り広げられる、男女の場面の中で彼女はシャネルスーツで登場します。グラスを持って歩いたり、鏡を覗き込んだり、ソファーに腰を下ろしたりする彼女の魅力をエレガントなシャネルスーツが素晴らしく引き立てます。高級ホテルの絨毯の上で、寝そべって会話をする彼女の美しいシーンを私は忘れません。

生身の女性の動きの中で、洋服が美しさを奏でる様子は、私に女性の身体、動き、洋服の三つのアンサンブルをたえず意識させてくれるきっかけになりました。

さらにストーリーが進む中で、彼女はスーツからアフタヌーンドレスに着替えていきます。化粧を直し、イヤリングを付け替えて装いを変えていく様は、まさに女性が美しい洋服と対話しているようで、優雅な旋律が聞こえてくるような素晴らしいシーンです。

彼女（女優）はこの服の感性を理解している。

単にドラマの中の衣装としてピックアップしたものではなく、女優、監督、そしてシャネルの感性が、生き生きと画面の中に溢れ出しているシーンです。

私は日本の着物にも、その感性あふれる美しいシーンに出会ったことを覚えています。有吉佐和子原作で、女優の杉村春子さんが舞台で演じた「華岡青洲の妻」でのワンシーンでした。

一着の着物を脱ぎ終えて、着物タンスの中から取り出したもう一枚の着物に着替えるシーンです。帯を解き、長襦袢を着て、また帯を締めて、帯締めをつけるなどの動作をセリフとともに演じる10分ほどのシーンです。

最初のセリフから着替えを終えた最後のセリフまでの間に、一連のその動作が組み込まれています。それは芝居でありながら、日常の動作と寸分変わることなく杉村さんによって表現されていて、着物を着る動作に、日本女性の「色気」といえるようなものを感じたのを覚えています。

その美しさに酔わされて、「着物を着てみたい」と思った女性もいたことでしょう。

洋服をアートだけに留まらせることはできません。女性が纏って、動いて、新しい美しさを作り上げていきます。

現実を受け止めながら、「知恵」を注ぎ込むクリエーションは、女性を優しく包み込み、彼女たちの人生の中で、美しいコラボレーション（協調）を生み出します。

華麗なる貧乏発想（現実を理解した）は、私の人生の中で華麗なる洋服の情景を与えてくれています。また、シャネルはこのような優しい言葉も残してくれています。

「一人の人を特別に美しくする服は、多くの人に着てもらえる服です」

服作りの深遠なる世界を感じさせられる言葉だと思います。

chapter 15

個性コンプレックスの日本人

薫る個性から、見える個性へ。

個性とは外見のビジュアルではなく、内面の感性から受け止めるもの……。

少なくとも私が、デザインを学び始めた頃はそう思えていた。しかし時代を経て、今では内面からにじみ出る個性から……ビジュアルとして表現される個性へと移行してきました。

コンプレックスとは、「劣等感」などマイナス要素のあるワードで紹介されていますが、「こだわり」や「執着心」の要素もあり、時には、それは思ってもみない、**ポジティブな要素を生み出すことも、あります。**

もともと日本では、目立たないことが美徳とされ、人と違って「個性的」と表現されることは、その人をポジティブに表す言葉ではありませんでした。今でもその国民性は残存しており、「個性的」という表現は、「社会性」や「協調性」などの言葉に絶えず侵食されてきました。個性をアピールすることが不得意な日本人は、今でも、欧米諸国と比べるとファジーで、理解しにくいと捉えられています。

私は若い頃のニューヨークへの旅行で深く「個性」ということを考えさせられたことがありました。

絵画や美術館を巡ったりしながらの一週間の滞在中、ニューヨーク在住の友人に連れられて、プライベートなパーティーに出かけたことがあります。ファッションデザイナー、グラフィックデザイナー、カメラマンなどクリエイターたちの集まる場所で、皆が競い合って個性というものを強烈にアピールしていることに驚かされました。

皆さん、私と同年代の若さで、自分に自信を持っていることが感じられました。「石橋を叩いて渡る」という言葉が日本にはありますが、彼らは、**「石橋なら大丈夫！　走って渡りましょう」**と考えられるようなスタンスです。

それもそのはず、日本とは違いニューヨークは人種のるつぼと言われています。その中で自分の存在をアピールするには、それぞれが強烈な個性を主張していくのは当然だと思います。主張する方も、受け止める方も互いにブラッシュアップして、高めあって新しいものを誕生させていくことに慣れています。島国でほぼ単一民族からなる日本では、それなりに独自の文化も生まれますが、個性に対する執着は、欧米の文明国ほど強烈ではありません。

1970年代初め、日本でもようやくファッションのプレタ産業が大きく動き出しました。おしゃれな街並みに、やっとトレンドの商品を揃えたブティックがいくつか出来上がった頃です。ヨーロッパの街並みでは、すでに一般市民をターゲットにしたファッション産業が華やかに展開されていました。人々の集まる街並みには、それぞれのブティックが、個性豊かに隙間なく展開されていました。当時の日本人にはカルチャーショックだったように思います。

絵画、音楽、舞踊などの芸術作品には世界に誇れるような個性豊かなものが、わが国にも多くあります。長い歴史の日本の文化から生まれたものは、諸外国からもその強烈な個性を認められています。

しかしながら、まだ100年にも満たない日本の服飾文化は、模倣から始まったのです。

日本は戦後、高度成長時代、バブル時代と猛烈な勢いで成長してきました。当初は素直に諸外国からのエッセンスをとり入れたり、輸入したりしました。またオリジナルをもとに「ライセンスビジネス」にいち早く取り組んだのも日本です。

とは言え、日本の服飾産業のブランドには、欧米諸国に比べると格段に「個性に乏しい面がありました。

服飾文化に「DNA」を持たない日本では、内面から感じさせる感性を、個性として表現するのは難しいことのように思います。けれども、その後、**日本が牽引した、感じる個性から見える個性への流れ。**を少し見てみましょう。

戦後のファッション界は、ディオール、シャネル、ジバンシーなどエレガンスや、清楚、フェミニンなどベーシックな感性を持って受け止めれば、理解しやすいものでした。

時代が進みカルダンやクレージュが、クラシックとは違い、技術を前面に押し出しながら個性を構築的なビジュアル表現で打ち出してきました。それは、「視覚的に捉える感性」として今につながるものがあるかもしれません。

また、時代が重なりながら、サンローランの「覚醒」によって、クリエーションにおけるエッセンスの探り方が大きく変わってきます。それまでの品の良いエレガンスを表現しつつも、女性の内面にある「官能」にも焦点を当てて、新たな価値が創造されます。それは女性の社会進出の時代にも後押しされ、時には、**「『下品』さえもファッションとして楽しむ」**と表現され、時代の本音も見えてきました。そしてそのクリエーションはサンローランに「私の創らなかったものはジーンズだけ！」と豪語させるほどになります。アイテム、シチュエーション、そして女性のパーソナリティ（個性）のバリエーションは、百花繚乱のごとく網羅され、当時のおしゃれのトップレベルの女性たちによって、拡散されていきました。

まさに現代ファッションの基礎が作られた時代です。女性の深遠なる部分にインスピレーションを当てたクリエーションは、とてもビジュアルだけでは判断することは難しく、感性そのものが個性であって、**私たちが、ある種の感受性を持って受け止められるべきものでした。**

その後の多くのクリエイターたちの出現により、受け止められ方は、一般の人々にも定着していきます。多くの女性の社会進出が進んで、服飾だけに限らずファッションという定規が当てられるようになっていきます。

そして多様化、多面化が進む時代、ファッションの羅針盤が少しずつ動き出しました。日本からのファッションも、世界に刺激を与えるようになり、**薫る個性から、見える個性への始まりです。**ソニア・リキエル、高田賢三、三宅一生のクリエーションの「コンパス」の幅は狭く、ニット中心であったり、ストリートファッションであったりしました。また今までの服飾素材だけではなく、自由にバリエーションを広げていきます。そしてベーシックなカッティングに囚われることなく、完成されたフォルムの「身体」が、前提ではなく「物」として、服をまとった時に作られる偶然が生む美しさが追求されていきます。

そして、コム・デ・ギャルソンの出現です。

それは長い間、欧米諸国が良しとしてきた服飾文化の常識を変えていくことになります。新しい時代に動きつつも、感受性の定規を使っていた捉え方を、**ビジュアルで個性を見極める「革命」に近い提案が生まれます。**

黒を基調として展開される商品群は、シーズンごとのスタイルや、コンセプトによって、プレゼンされてきたショップのあり方にも新しい問いかけが生まれました。
ビジュアル優先でデザインされる視覚的で「工作」のようなディティールは、新しい角度から人々の感受性を刺激します。

文化が満たされて、多様化、多面化が進むと、「思考の平面化」を打ち出したような発想は、欧米の服飾文化に強い刺激を与えました。「服飾」だけにとどまらず、ファッションを通じてあらゆるものの見方にも影響していきます。「服飾」を取り囲むグラフィックや建築にまで、その視覚的なプレゼン方法は広がり「生き方までもがコンセプト」とされる総合的なものとして、その感性は現在まで受け止められています。

人々が共通に持つ「視覚」から個性をとらえる方法は、明快で、企業を発展させる合理的な方法でもありました。

日本から生まれた究極の「個性コンプレックス」は世界に刺激を与えました。その後、活躍されてきたクリエイターたちの系譜にもその考え方が「キー」になっているのが伺えます。

身体があって「洋服」を着るという当たり前のステップが、ビジュアル優先の時代には、「物」を体にかぶせた時に生まれる美しさを表現しています。

「ビジュアル」から内面にたどり着くクリエーションのプロセスは、「洋服」が時代に合わせて「進化」したものだと思います。それを洋服という狭い枠の中に閉じ込めることなく、洋服とはもう一つ別の、クリエイターの英知が生んだ、**「アート」という世界に羽ばたくことを願います。**

この章は、ファッションからみた個性の変貌ということを軸にしましたが、その過程の中で、どこか日本人の「個性コンプレックス」を感じる時があります。欧米人はあえて意識することなく、自然の流れの中で強く個性と言うものを表現できます。それに比べて日本の中には、このように考える人がいます。

「私って個性がないんです！」

イヤ！　個性って皆それぞれにあるんです。自分で強く掘り下げていないだけなのかもしれません。個性とは、人が求めるもの、しかし、またそれは、無責任に人に食い散らかされるものでもあります。それゆえたくましく、表現していくべきなのかもしれません。

服飾文化にＤＮＡを持たなかった私たち日本人は、相手の個性や自分の個性に対面したとき、まだまだシャイなのかもしれません。

これからの世代が、それをどう捉えて、どの様に表現していくのか、私なりに興味を持って受け止めていこうと、思っています。

chapter 16

着用する満足度と好感度のバランス

個性につながる着用する
「満足度」と「好感度」は
諸刃の刃なのです。

「個性」と「好感度」はもともと重なり合うものではありません。しかし、日本人は、現代でも「個性」の表現よりも「好感度」をとても意識する習性を持っています。他人より目立つことは苦手で、みんなと同じで有りたいという意識がその証拠でしょう。そして、その矛先は一定の枠（好感度）の中に向かっているようです。

ファッションが今のように、一般的なものになる過程でも、好感度が高く、流行のファッションを楽しみながらも「みんな同じような格好をしている」と評論されてきました。日本人にとって、「個性」の表現は、ずっと「好感度」の後回しにされてきたように思われます。

個性となって表現されるはずの、着用する「満足度」と「好感度」のバランスは、どのように舵取りをしていけば良いのでしょう？

相反する二つのものを考えていくとき、特に「好感度」が意識されているものを考えてみましょう。ＣＭ、企業の顔になる立場（受付、秘書、広報）、周りから信頼を持ってもらえる職業（学校教授、医師等）そして接客業（飲食や物販）。

またネットにおける簡潔な説明にしても、笑顔、分け隔てなく接する態度、聞き上手、人当たりが良い、明るい、清潔感、話しやすいなど、**ズバリ！　ポジティブ要素**が重視されています、服飾界での好感度をあげてみると、上品、明快、華やかさ、高級感などを付け加えることができます。それらのポジティブな条件を前面に押し出しているスタイルがあります。それは、**「制服」です！**

企業や接客業などに多く取り入れられて、個人の個性よりも職場の個性を提案する装いとして、日本では特に多く見られます。

私が若かった頃、初めてヨーロッパに行ったときのことでした。日本円を当地の紙幣に換金するとき、今では、いろいろな手段がありますが、当時は安全性をも考えて銀行に出かけるのが、一番わかりやすい行動だったように思います。まずそこから初めての海外旅行でのカルチャーショックは始まりました。銀行の窓口で仕事をしている女性たちの装いは、制服ではなくて全員私服で業務を受けていたことです。しかも彼女たちの装いは、日本人の「皆同じ」という意識とは違い、自分のアイデンティティーを表現する手段のように感じられました。

個性を感じられるスタイリングは、その人をイメージしやすく、個人の良識や文化レベルも明快になっています。現在でも、まだまだ多くの職場で制服を見かける日本とは、ずいぶん国民性が違うものだと感じたことでした。しかし、**エゴイスティックに個性を押し出してしまうと「好感度」が冒《おか》される危険性もあります。**

「好感度」の表現が没個性というものであってはなりません。

かって、学生時代にいくつかの「賞」をいただいたことがあります。デザインを応募する学生たちは、精一杯自分の個性を表現しようとします。当然のことですが、そこには忘れてはならない大事なことがあります。

「賞」に値する作品の条件には、「主役的」で王道な要素がなくてはなりません。

タイムや技が数値で正確に表現されるスポーツとは違い、感性や美意識の判断には、明快な定規をあてることはできません。多くの人から良識的に受け止められる雰囲気が必要です。

スタンダードな魅力がありながら、新しい時代に向かって予感されるニューベーシックな匂いが感じられるもの。しかも多くの人に理解されやすく、前向きなイメージが感じられること。

好感度に必要なポジティブなイメージが含まれていることが大切です。ファッションのコンペティションに限らず、映画や美術、各種のコンテストに至るまで、その条件は重なり合っています。けれども、学びの途中の学生には、なかなかそのことに気づきません。真摯に個性だけを表現することに目を向けて、賞に値する「条件」と「個性」とを同じラインにつなげる考え方に、気がつかないでいるのです。

「個性」をスタートさせたゴールでは、「賞」の条件が待ち構えています。

感性に理性を編み込んで、「賞」までのまっすぐな軌道を考えなければなりません。自身の個性を単なるエゴイズムで終わらせないためには、感性にも知的要素を持って考えていくことが大切です。

さて、「好感度」に対峙するもう一つの要素は、「個性」につながる着る側の満足度です。

女性は自分の好きなものを選びます。

本人の趣味を中心に、着心地や現実の条件に左右され、鏡の中の自分を自分で判断します。

男性は女性に似合うものを選びます。

しかし、相手を理解していても男性だけが描いている女性像を押し付けてはなりません。

二つの「性」は対立したり協調しあったりして、ジャッジされます。

そしてあなたの好きなものと、似合うものとのバランスが見つかったとき、「好感度」につながる装いが生まれます。

けれども、それはいつの時代も同じ捉え方ではなく、時代とともに変化もしていきます。

その流れは70年代を境に大きく変わりました。ファッションを中心に考えてみても、バレンシアガ、ディオール、ジバンシイたちによって完成された当時のエレガンスから始まりました。高級、上品、そして美しいビジュアルの三つの要素も、ストリートファッションの解禁を迎えた70年代には、サンローランを始めとする多くのプレタポルテ（既製服）デザイナーの活躍によって、新しい美意識や感性を取り込んでいきます。

ベトナム戦争後のヒッピーの出現や、ストリートスタイルからインスパイアされたイメージは、デカダンスや不良性、反骨精神などにもスポットが当てられ、人々の憧れは「エレガンス」から「スタイリッシュ」へと、変化をしていきます。

人々の美意識は、ポジティブなものから始まりネガティブな要素のものにまで視野を広げます。そして、**ビジュアルな要素が服飾にまで持ち込まれ、今では「アート」という見方もされるようになりました。**

現代の私たちは「好感度」に対する視野も広げなくてはなりません。下品と言う要素さえアイロニー（皮肉）やジョークとしてファッションでも楽しめる時代になりました。

かつての「優しいお母さん」よりも「かっこいいお母さん」がファッション界でも求められています。

今では、ポジティブな要素とネガティブな要素が、美意識の中に乱立しています。

私たちは時代の横串をさしながら、年齢にあった良識ある美を追求しなくてはなりません。「好感度」の表現が没個性であってはなりません。

個性につながる着用する「満足度」と「好感度」は諸刃の刃なのです。

相反する二つの視野が交わるとき、好みや社会性を計算に盛り込みながら対処する、大人の女性のファッションに対する知性が必要です。そして、あなたの好きなものと似合うものとの調和のとれた装いは、洗練されたオーラを放ちます。

品の良さとは、訴えるものではなくて、感じてもらうものなのです。

chapter 17

鏡は人生の日記帳

「鏡の中の自分」は
あなたの一番の親友です。

鏡の中に「見えている」ではなくて鏡を「見て」いますか? 廊下を通ったとき、部屋に入ったときなど、「あぁ自分の姿が映っているなぁ」と感じることはあるでしょう。けれども、あなたは1日の内どのくらいの時間を鏡の中の自分と対話していますか?

すべての人が生まれて初めて自分の姿を確認するのは鏡の中の自分なのです。そう思うと私たちはずいぶん長い間、鏡と付き合いを重ねていかなくてはなりません。「鏡は人生の日記帳」などというタイトルをつけると、大人の女性は「あぁ、大体内容わかる」と思いがちでしょう。人生経験豊富な女性は、鏡の中の自分と「深い話」をしてきたことでしょう。

鏡は姿を見るものだけではなくて、自ら問いかければ、鏡の中の自分が答えてくれることもあります。

童話の中に、「鏡よ、鏡よ、鏡さん。世界で一番美しいのは誰?」

どの時代の女性も知っている、有名なフレーズですね。ところが、鏡との対話はどこか重い雰囲気があり、ドラマチックであってもネガティブな彩りが感じられることがあります。

デザイナーという職業柄、私も鏡との縁は古くからあります。ここでは、ファッションの視点から捉えた、いくつかの鏡との付き合い方を考えてみました。

デパートには時折、出かけていきます。職業柄ファッションのフロアをよくぶらっとしますが、そのたびにうまく時代が投影されている空間だなあと感じます。今では、服飾のフロアに限らず、各階で多かれ少なかれその様子は伺えます。

特に最近では、いわゆる「デパ地下」といわれる食品売り場でそれは顕著です。既においしいものはデパートの地下に出揃っていました。飽和状態だったのです。そこで仕掛け人たちが次に着手したのは、ファッショナブルでおしゃれなラッピングです。ビジュアルをもって、さらにおいしそうに感じさせるテクニックはどこか「服飾」の世界の発想とも重なります。食欲の世界にも、今やおしゃれな異空間が演出されています。

服飾フロアでは必ず大きな柱の周りに鏡が張り込まれています。そのとき、**「あれ？今フロアに似つかわしくない人が通ったように思ったけど……」**

自分なのです。その姿は。

おしゃれなフロアを遊び歩く自分は、自身で思っていたほどではなく、少し違和感があることを柱の鏡は教えてくれていたのです。着用しているものの世界観が違ったり、時代の新しいアイテムとはズレていたり。自分の身体の姿勢なども含めて、何よりも自身が思っているほどの若々しさが感じられないことが見えてきます。現実のあなたと、あなたが思い込んでいる「妄想の中のあなた」との違いに気づかされるときです。

「鏡の中の友人」は、優秀なスタイリストのように、あなたを傷つけず知らせてくれていきます。「鏡の中の友人」とゆっくりと語り合って、新しい自分を表現していくことが大切です。

今では、たくさんの人々が海外旅行を経験しています。観光の傍ら、当地のデパートやブティック、当初から狙いを定めていたブランドショップなどに出かけていくことでしょう。その旅先で、既に数日過ごしているあなたは、その土地の持っている個性に感化されて、今まで手にもしてみなかったものに、トライすることもあります。それは自分に対してとても前向きな行為ですが、その場の雰囲気は、**日常とは違った感性であなたを包み込んでいます。**

ところが、日本に持ち帰って、気候も風土も違う「畳」が敷かれた部屋で試着してみると、「あれ?」と思うことがあったはずです。それと同じことは、ハワイやエスニックなリゾートでも起こります。普段選ばないスポーツウェアでも、気候や空の色などに演出されて、似合っている自分に楽しい発見をします。

エスニックな洋服も滞在中は楽しめますが、日本は同じ太陽の光でもなく、その色が映える土壁の風景でもありません。日本に持ち帰ってきたとき、**陸に釣り上げた熱帯魚のように、色あせていることを感じます。**

なぜでしょう? 現地で見たあなたには、鏡の中に映り込む風景や当地の雰囲気が、試着する姿と同じように映り込んでいることがあります。それらの応援団は、アウェーである日本にまでついてきてくれません。

現場の「感性」にそそのかされる事はよくあることです。

ファッションセンスとは、「感性」だけが暴走するものではありません。理性を持って受け止められなければ、それは「物質欲」という単なる「発作」です。

また、鏡はあなたの「我儘」も映し出します。どことなく似合っていないことは自分でもわかるのだけれども、気に入っているその装いは、情報で得た新しいスタイリングであったり、人気のファッションアイコンが取り入れている装いだったり、あなたの虚栄心を満足させるようなブランド物であったり、その要因は様々です。ところが、**鏡の中のあなたは、他人が見ているあなたでもあります。**

我儘なあなたをあなた自身がなだめて、足し算したり、引き算したりしながら冷静に考えてください。なぜなら、あなたの「我儘」を受け止めてくれる人はあなた一人しかいないということを……。

装う世界では、周りの「スタイリスト」や、ショップの「アドバイザー」に協力してもらうこともあるでしょう。一般の世界でも特別なセレモニーの機会など他人に協力を得ることがあります。しかし、あなたは相手の着せ替え人形ではありません。プロの協力が、あなたにとって他人にゆだねてしまうという錯覚を起こさせることもあるでしょう。美しくなるという意識のもとでは、**あなた自身がしっかりと、芯の部分を把握していなくてはなりません。**

あなたにとって一番の協力者は「鏡の中の自分」です。理性を持って冷静に語り合ってみましょう。

他の協力者に委ねるときも、あなた自身がブレないでいてこそ初めて洗練への道筋がひかれます。

最後は、「悪評をする自分」に登場してもらいます。ショップを訪れたとき、試着する洋服は、まず自分の気に入ったもの、次には、たいてい自分が似合うもの、後は、衣料感覚を持って着やすく、日常に必要なもの。それらの理由からでしょう。そこに、私はもう一つプラスします。興味（新しさ）があるけれども、おそらく似合わないであろうもの。お値段が高すぎて手が出ないもの。半分あきらめが入っているものをなぜわざわざ試着？と思われるかもしれません。それでも、**どのように似合わないかを見定めることは、大切なことでもあります。**

我儘で、物質欲が強い人ほど、興味があると衝動買いをしてしまうことが多々あります。わかっていても繰り返されるものです。なぜでしょうか？　その行動は、自分のビジュアルや個性とそぐわないものが、どのように似合わないかを分析、把握できていないからでしょう。「悪評する自分」に対面することによって、似合わない理由や要素が見えてきます。素材であったり、フォルムであったり、色であったり、あなたのビジュアル的な要素によるかもしれませんが、「なぜ似合わない？」のかを素直に把握することによって、より一層あなたに似合うものと巡り逢うかもしれません。それはいずれ物選びのときの「理性」となってあなたの「感性」と上手にコラボできるようになります。

「鏡の中の自分」はあなたの一番の親友です。

日々、少しの時間でも自分との対話をすることによって、あなたの移り変わりを教えられます。ビジュアルだけではなく、正直なそのときの内面や、これからの生き方についても見えてくるときがあります。鏡の中の背景に、時代をも取り込んで見つめてみてください。

ずいぶん以前の話になりますが、私は素晴らしい「鏡」と出会ったことがありました。

アーティストたちの、デザイン家具を揃えたショップでのことでした。ガラスの厚みが2センチ以上もあったかと思います。高さが2メーター以上、横幅が一般家庭の玄関のドア二枚分ぐらいの大きさの鏡で、モダンでミニマムなすばらしいアート作品でした。周りが絵画の額縁のようにデザインされていながら、フォルム以外に飾りのないシンプルな表現は、デザイン界のレジェンド、フィリップ・スタルクによるものだったと覚えています。私は、その異次元への扉のようなエレガントで神秘的な、覗き込む対象をも吸い込むような佇まいに圧倒されました。

何十年も経った今、偶然どこかでまた出会うことがあるかもしれません。見る人の全てを映し出すようなパワーは、今の自分をどう映してくれるのか、確かめてみたいと思っています。

chapter 18

セレブのライセンス

幸せとは「B」クラスなのです！

「三種の神器」という言葉を、皆、一度は耳にしていることでしょう。日本神話における、三種類の宝物（歴代天皇が古代より伝世してきた宝物）ことですが、皮肉なことに現代では、**物質文化の象徴のように取り上げられるものになっています。**

１９５０年代後半、白黒テレビ・洗濯機・冷蔵庫の家電三品目が「三種の神器」として、人気商品となり、公共施設の団地暮らしが、一般人の憧れるスタイリッシュな生活スタイルになりました。

60年代半ばには、カラーテレビ、エアコン、自家用車と高度成長期に伴って、「三種の神器」はより文化的レベルが増してきます。その後、これらは何度もアップデートされ、多様化、多面化された現代では、各自によってその商品の解釈は多岐に渡ります。

ファッションにおいてもその兆候はありました。今のように、生活や生き方が多様化、多面化する以前は、次々とシーズンによって新しいスタイルが発表されていました。アイテム、素材、スタイルがその対象となり、当時の映画の中の俳優たちのスタイリングや、数少ないファッション雑誌に影響されて、一般人の美意識は成長していったのです。

さらに、女性の社会進出が拍車をかけ、男性社会に混じって、女性がキャリアを積む時代へと進歩していきます。70年代以降の社会的な目線は、女性を中心とした文化（カルチャー）表現に移行していきます。

ファッションという物差しは服飾だけにとどまらず、生活スタイル、女性の生き方にまで添えられるようになりました。

さらに女性がキャリアだけに意識する時代も過ぎて、女性自身が華やかに新しい生き方を提唱する時代になります。物質文化の象徴だったバブル時代、女性自身が見つけた「三種の神器」は何だったのでしょう？

旦那様・子供たち・ファッション性を感じる物質生活。

特に最後に挙げた物質生活においては、贅沢なブランドのバッグや時計など、もはや生活必需品以上のものを求めつつ、「センスが良い」ことにもコンシャス（意識）していきます。では、センスが良いということはどのようなことでしょう？　人気のあるブランドのものを知っていて、身に付けることではありません。あるいは高価なものでステータスをアピールすることでもありません。

「三種の神器」とは幸せの象徴だったのでしょうか？

昭和の高度成長期ならいざ知らず、文化レベルも欧米諸国に追いついた現在、いやむしろ追い越しているかもしれません。「現代の三種の神器」は、三種以上にバリエーションを持ち贅沢品と思えるものもあります。幸せのスタイルはモデルルームのようにいくつかの定型に分けられています。今や、セレブリティーの生活も一般人の生活スタイルも同じようなものになり、そこにあるのは、クオリティの差ぐらいでしょう。しかし、幸せのライセンスを持ちながらも「彼ら……」は言います。

私って幸せなのかしら？

また、次には、「こんなはずじゃなかった……」という言葉が聞こえてきそうです。

では次のように考えてみましょう。

例えば、日々の生活に「衣料」は欠かせません。肌心地が良かったり、着心地が良かったりすることは日常の着用条件においては必須事項なので、改めて着心地の良さを意識することもありません。

現実の幸せもどこか「衣料品」に似たところがあります。

ファッションを受け止めるとき、特に女性は、現実をベースにして発想することに長けています。男性が提案するようなファンタジー（非現実的）な発想には、冷ややかなときさえあります。そのかわり幸せを「妄想」するときには、洋服で例えるなら、ファッショナブル、さらには、モードの世界のレベルまで夢を馳せます。

しかし、クリエイターたちが提案するランウェイや雑誌の世界のものは、**次なる時代に向けて、人々を牽引する「A」クラスの美意識です。もし現実的な発想を「B」クラスと名づけても、そこには差異はありません。**

「私って幸せなのかしら？」という言葉はこのような「妄想」の結果とも思えます。人と人の絆や触れ合いも、疾走する時の流れに、見失いそうになることもあります。特別ではない日常の生活の中で成り立っている幸せに気づかないことがあります。現実の幸せは、服の世界に例えるならば、「衣料」の様なものです「A」クラスの非現実的ファンタジーを幸せと取り違えてはいないでしょうか？　多くの人々が現実的な幸せを自覚できていません。

幸せとは「B」クラスなのです！

しかし、時代の流れは衣料品とファッションの壁も取り払おうとしています。多様化、多面化の時代は、個々の価値観や美意識で発想することが大切になってきました。

時代が少し動きだして、「サステナブル」や「エコ」などの言葉が氾濫していますが、これらの言葉が知識人たちのファッション用語としてではなく、現実の世界にしっかりと定着することを願います。「三種の神器」という言葉も、いずれ次の時代には押し流されていくかもしれません。

セレブのライセンスとは何か？

個々の異なる感性に理解を示しながら、自分の感性で物事を捉え、物質文明の中であっても、美的水準を少しでも前に向かって進化させられること。スケールや、ビジュアルだけにとらわれることなく、自身の価値観を、まわりにも表現できること。物質面にとどまらず……。

美しく生活を「創れる人」。それは、美しく歳を重ねることにも繋がっていくと思います。

chapter 19

時代のファッション的言い訳

着崩すとルーズは違う。

エイジレス・ミスマッチ・多様性（多面性）、多くの人がこれらの言葉を聞いたことがあるでしょう。今の時代、様々な場面で使われることが多くなりましたが、もともとはファッション界から、時代の表現者たちが発信したキャッチコピーです。

ファッションに対する受け止め方がまだまだコンサバティブだった時代から、女性の立場の変化に伴って、この言葉は生まれてきました。多くのクリエイターたちが時代を牽引してきたり、女性デザイナーたちの実社会からの提案だったりして、今のファッションの現実があります。

新しいスタイルの「創造」だった時代から始まり、クリエイターがすでにあるものを、チョイスをする時代へ移っていきました。いくつもの時代を経てアップデートされたものが、現代では乱立して存在しています。

過去と新しい時代とが混ざり合ったり、新しい生活スタイルに対応すべく、スタイリングのルールを崩していかざるをえなくなったものもあります。時代の荒波に侵食されていくような「負の要素」も、**クリエイターたちは、美的に！　知的に！　前向きに！表現していきました。**

そこから多様化（多面性）された時代を受け止めたスタイリング表現として、「エイジレス」や「ミスマッチ」のようなキャッチコピーは生まれたのでしょう。昭和の時代と比べると、**今では65歳以上のシニア層に「老人」というイメージはありません。**

若い頃から、ファッションに目覚め、クリエイターたちが新しいものを提案するごとに、それを受け止めてきた年代です。ミニスカート、パンタロン、ビッグスリーブ、ボディーフィットと、様々なスタイルが時代とともにアップデートされて、ニュアンスを変えて表現されています。さらに、情報も手伝って初めて見たものとは違い、今の大人たちは抵抗なく受け止めてしまいます。そんな時代に「エイジレス」という言葉が生まれました。

若さを決めるのは年齢ではなく、今では、生き方や精神的なものと受け止められています。

一昔前は、デパートのフロアも年齢別で分けられていました。時代ごとに発表された新しい女性のイメージは、それぞれのファンを残して今でも生き続けています。アップデートされながら受け止められてきた女性のイメージは、今や百花繚乱のごとくフロアに溢れています。フェミニン、キャリア、スポーティーなど今やスタイル別であって「年齢」では分けられません。

グレード感の違いはあれど、現在のフロアのコンセプトは、テイストやスタイリングで分けられるようになりました。サイズの問題をクリアさえすれば、自分に合った好きなテイストのスタイルを年齢に関係なく楽しむことができます。しかし、**若者と同じもので、同じスタイリングをすることと「エイジレス」は、違います。**

そこには大人の定規を当てて、知的に判断をしなければなりません。素材、カッティング、ブランドのコンセプトなどをよく理解することが、大人の女性のグレード感につながります。

「若い」と「若々しさ」は違います。

若いスタイリングを年齢に沿った良識ある「美」で表現できたとき、本当の「エイジレス」の意味が生きてきます。「感性」と「知性」のバランスを保ちながら、新しい時代を読んでいくということだと思います。

また、70年代以後のファッションは、プレタポルテ（既製服）の時代になります。それまでは、スタンダードなアイテムとしてのスーツやワンピースがファッションの中心でした。女性の社会進出に伴い多くの新しいアイテムがファッション化され、またそれらをコーディネートして日常を楽しむ時代になりました。

情報社会も加速して、数多くのファッション情報も街や雑誌等で受け止めることができるようになります。ルールに従ったコーディネート（素材、意匠、シルエット、ディティール）やTPOの知識も、この頃のファッション雑誌の中心的な内容でした。今やファッションという定規は、我々の生活の全てに向けて提案されていますが、服飾文化にDNAを持たない日本においては、**ファッション雑誌は大事な「装い」のガイドブックでした。**

海外のファッション雑誌との大きな違いは、その親切な「ファッションガイド」にあります。高度成長期、物質文化、そしてバブル時代を経て、日本人のファッションレベルも欧米諸国に追いついたかのように見えてきます。ワンアイテムのファッション（ワンピース、スーツ、コート）の時代から、いくつかのアイテムをコーディネートするスタイルへと変化していき「ウィークリーコーディネート」などのタイトルで、情報誌等がファッションを牽引してきました。

やがて新しい個性を提案するクリエイターたちや、それを受け止めるおしゃれな人々の中に、**ルールにとらわれない自由な感性**というものが取り上げられてきます。

従来のコンサバティブなルールにとらわれず、「パンクな感性」や「アバンギャルド」な方向性も、ファッションの世界に持ち込まれてきます。それを理解し受け止めることで、**「おしゃれな知識人」というスタイリッシュなレッテルが与えられるようになりました。**

すると、乱立する感性や個性の中で、ルールに沿わない、「ちょっと外す」という感性がおしゃれとみなされてきます。日本語のわかりやすい言葉でいうと「粋」いうことでしょうか？　あえて間違ったように装ったり、品の悪いものをアイロニーとして受け止めたりして、ギリギリの遊びを楽しむ感性が生まれます。

リラックスしてファッションを楽しめるようなゆとりが生まれてきた時代（感覚的においても、経済的においても）に、今までにはなかった、ルールを少し外した遊びのあるスタイリングを楽しむようになってきました。

■色彩学的に合わなかった二つの色を合わせてみる。
■甘い要素のものと、スポーティーなアイテムを合わせてみる。
■硬い素材や柔らかい素材との違和感を楽しんでみる。
■真反対の季節のアイテムを合わせたスタイリング、
などなど……。

これらの装いのスタイルは平凡な現実に楽しさを加えたり、**刺激のある美的感覚を保ちながらも日々の生活に優しかったりして、本音とたてまえが交差します。**

現代の装いはそれが主流になっています。しかし、それはベーシックな知識の後に身に付けるべき感性のはずです。

「ミスマッチ」と「ミステイク」は違います！

さらに、自由という感性は多様化（多面化）の時代も後押しします。コンサバティブな昭和の時代のＴＰＯは終りました。新しい時代に向かっている今、人々が求めるＴＰＯのルールを受け止め、理解していかなければなりません。しかも、そのルールは自由だけでは成り立ちません。時代や周りの状況を理解し、**感性と知性を持って、初めて自由な装いはファッショナブルなセンスを際立たせます。**

エイジレスとは、若い人々と同じスタイリングをすることではありません。ミスマッチとは、合わないアイテム同士をコーディネートすることだけではありません。エイジレスやミスマッチの装いを自由な装いと受け止めてしまってはいけません。努力のない装いと自由とは違います。

街では、ファッショナブルな商品が溢れています。むしろそうでない商品を探すことの方が難しいくらいです。それ故に簡単に手に入れて身に付けてしまうことは危険です。

上辺だけのおしゃれは、次に流行の潮目が変わったとき、理解できず流されていく危険があります。年齢の波とともに、ボディーの変化も訪れます。女性の美しさは若い年齢の頃のことだけではなく、**成熟の過程でも、その人の美しさを表現していく時代になりました。**

「エイジレス」も「ミスマッチ」も装いに対する甘えの要因ではなく、努力の結果として身につく、新しい時代の「粋でおしゃれなスタイリング」なのです。

chapter 20

宇宙人に紹介したい服

クラシックな壁を乗り越えて「美」の定義が変わりました。

男性から見た「女性の感性」を、男性が創る。女性から見た「女性の感性」を、女性が着る。このように話をスタートさせるのが、私がファッションを多くの人に説明してきた最初の入り口です。ファッションの根本的な概念を説明して、その時代のスタイルや情報を伝えたりするのがファッションディレクターやエディターたちの手法だと思っています。

昭和、平成、令和と私の知る限りでも三つの時代を歩んできました。ファッションというものが昭和の時代、まず洋服からスタートして、文化レベルを上げていきます。生活に必要なもの、さらに生活をエンジョイするためのライフスタイル。必要最小限なものから始まり、今ではそれらをさらにブラッシュアップさせる文化的な余裕も伺えます。中でも、**洋服はいつも人の「情緒」を含ませて、芸術と同じように感性や知性に訴えかけてきました。**

新しいファッションは、常に多くの人々に受け入れられていきます。また、それを評論する側の高い水準は「ファッション雑誌」という枠を超えて、哲学的と感じることさえあります……。しかし、いつも私には二つの疑問があります。まず、現代のファッションは、**現代の生活の背景に溶け込んでいるのでしょうか?**

生活の中ですべてのものがファッション化された今、多くの物のデザイン（家電・車・家具・インテリア）も進歩してきました。その多くは新しいテクノロジーを駆使して、シャープで、モダンで、コスミック（宇宙的）とさえ感じます。人間の「情緒」など、振り切ったかのように感じる周りのデザインに私たちは囲まれています。しかし、私たちの装いの様子はさほど変わりません。

昭和のテレビに比べ、怖いほど進化した今のテレビの前の私たちの様子はどうでしょう？　SF映画のように、メタリックなボディースーツを着ているわけでもありません。素晴らしいテクノロジー満載の新しい車を紹介するモーターショーでの、女性の装いはどうでしょう？　車とは違って人間の「情緒」満載の装いは、紹介する車のコンセプトとは別方向を向いてます。

70年代に生まれた「エスニック」というコンセプトも服飾以外の物の進化から比べると、過去戻りのイメージです。それでも、**ファッションも、もがきながら進化をしてきたかもしれません。**

服飾の歴史に「NO」と宣言し、誕生したアバンギャルドの世界は、アートの域まで持ち上がった感もあります。しかし、従来の人間の持つ「情緒」や「感性」を表現したファッションと対峙したときミックスファッションいう言い訳に近いような装いが生まれてきました。その賑やかな装いは、タレントの「おしゃれ着」として、皮肉にも、無機質にデザインされたテレビの画面から見ることがあります。

人間の扱うファッションとは、常に言い訳をしながら進歩していくものかもしれません。

人間は、素晴らしいテクノロジーなデザインを生み出せます。しかし、ファッションにおいては、子供に甘い親のように人間を甘やかしているのかもしれません。

そう思っている私には、さらにもう一つの疑問があります。きたるべき未来に宇宙人と対峙したとき、**「これが人類の着用する洋服です」**と紹介できるようなものがあるのかと「夢想」します。それを想うと、私はいつも、**イッセイ・ミヤケのプリーツをイメージします。**

三宅一生さんの「アートワーク」とも思えるようなプリーツの作品群は、ファッションのランウェイにとどまらず、長く既製服として受け入れられています。それは人間の衣服の進化の第一歩かなとも感じます。テクノロジーを駆使して考えられたフォルム、素材、ディティール意匠は、モダンでシャープに表現され、ミニマリズムの根幹を表現するものだと思います。発想や、製造過程にも人の体温を感じさせない「感性」には、シュールで未来的なものを感じさせてくれます。

洋服だけに限らず、アバンギャルドと解釈されるものには二つの方向があると思います。一つはクラシックな世界を土台にして、さらにその先へと大きな壁を新しい感性で飛び越えていったもの。もう一つは、壁に対して「ＮＯ」の姿勢でカーブを切ったもの。それらの中から人々に受け入れられるものは、モードからやがてファッションになり、新しい時代にはベーシックとなります。

かつて70年代初め、高田賢三さんがパリで覚醒しました。その感性は従来のクラシックな欧米型の洋服の世界に留まらず、限られた富裕層の枠を崩して、ストリートの若者たちに提案されました。それは、カッティングや意匠、それにコンセプトの世界観まで加えて、従来のクラシックな洋服の世界とは異なります。

クラシックな壁を乗り越えて「美」の定義が変わりました。

アバンギャルドと解釈されたファッションも、やがて一般人にも受け入れられていきます。それ以後のファッションは、むしろ一般人から発信されたものといってもいいくらい自由な世界を私たちに広げていってくれました。

革命とも言える高田賢三さんの洋服に対する哲学は、欧米型の立体的という洋服の概念から、空気（ゆるみ）さえもデザインする平面的というコンセプトを定着させました。大きく時代が変わり始めた頃、三宅一生のプリーツ（プリーツ プリーズ）は発表されます。

世界中がデジタル社会になり、恐ろしいほどの加速度で時代が疾走していきます。私たちが住む日常の風景も変わりました。未来的で美しいと思える車や家電の中で、過ごす私たちに似合う服が見つかるのでしょうか？　もちろん私たちのファッションも、後を追って変わってきました。

そしてデジタル社会のシュールな「美」を、私はイッセイミヤケのプリーツに感じています。同時にそれは、人間が切り離せない情緒やぬくもりをものぞかせてくれます。分厚いクラシックの壁を乗り越えて、幾度となくアップデートされたものだからこそ、クラシックな「感性」へのオマージュも感じます。それらは、**人肌に触れる「アート」と思える数少ないものだと思います。**

最近身近でこのような話がありました。ある朗読家の女性と知り会うことになり、彼女が舞台に立つときの洋服を色々とアドバイスさせていただいています。その都度、朗読の内容にも雰囲気を近づけ、情緒の角度から見ても納得がいくようなものを提案しています。

前回はイッセイミヤケのプリーツのアンサンブルの着用を提案させていただきました。すると、過去の公演とは違い、コスチュームの考え方が一新したことに、お客様は新鮮な驚きを持たれたようです。どこが、どういう風に、なぜ良いのか?などと掘り下げては理解できてはいません。ただ、**何となく素敵!**

そう感じたことを表現できる言葉も、理由もまだ見つけることは難しいようです。しかし、時代を感じた「感性」は少しずつ前進し始めます。そう、蟻の一歩のように……。

私が学生の頃に見た映画に、スタンリー・キューブリック監督の名作「２００１年宇宙の旅」というSF映画がありました。人類の出現以前、太古の猿の群れの中の一匹が骨の欠片を高く空中に放り投げるシーンがあり、次の瞬間、巨大な宇宙船が回遊する場面につながります。進化の気の遠くなるような時間を一瞬で表現した場面は、強い説得力を持った見事な演出でした。

デジタル時代、AIの出現など、私たちは確実に未来に向かっています。感性や情緒や知性も、何かが代わりに表現してくれるかもしれません。やがて、いつか、宇宙人と遭遇することを「夢想」したとき、テクノロジーの影に、**人間の「美」を感じさせられるものを宇宙人に紹介してみたいと思いませんか?**

そういう服を紹介すると同時に、その考え方も伝えていきたいと思います。ファッションの仕事に携わって長い月日が経ちました。

私という「猿」は今やっと骨の欠片を空中に放り上げたようにも思えます。

chapter 21

制服好きな日本人

自由であるはずの「感性」が
しばられてしまった時、
人々は自由を求めます。

少なくとも過去の日本人は、他の国の人々よりも制服好きではなかったでしょうか？　女子学生から、多くの企業まで、制服着用の職種は広範囲にわたります。

私が過去に初めてインパクトのある制服（ユニホーム）と出会えたのは、１９６４年の東京オリンピックの選手たちの制服です。それまでに、目にしていたものはバスガイドさんの制服、デパートの販売員さんの制服。男性ならば警察官、交通機関で働く人たちの制服でしょう。それゆえ、日本国旗の配色である赤と白の二色で表現された制服は、子供ながらにインパクトを受けました。今思えば、それが「ファッション性」といえることだったかもしれません。

「コンサバティブ」。その頃の日本人は特に服飾に関して冒険することを好まなかったと思います。いや、まだまだ、**冒険が不得意だったともいえます。**

それゆえ、大胆な「深紅」のブレザーに白いボトムの装いは、日本国旗をしてなるほどと思わせたと同時に、ずいぶん大胆なものにも思えました。その後半世紀もの間、世界中でオリンピックは開催されてきました。しかし、私を始め多くの日本人は、その後の日本のオリンピックのユニホームを覚えているでしょうか？　１９６４年の自国開催の東京オリンピックの思い出は、あの、**赤いブレザーと白いボトムの制服の映像から、今でもス**

タートします。

「制服」とはどのように決定されていくものでしょうか。

私たちの職業では、長いキャリアの中で一度や二度は「制服」の依頼を受けた経験があると思います。企業から依頼を受けてターゲットを決めたり、考え方を盛り込んだりしてコンセプトを決めることとは、本来の既製服をデザインする過程とさほど変わりはありません。決定的な違いはチェックポイントの多さです。決定されるまでに、いや、決定された後も多くの「関所」を通過しなくてはなりません。

日頃のデザイン活動の中では、ディレクターやデザイナーによって決定されたものが、いくつかの部署を通って、ようやく生産にたどり着きます。そもそも、装いの品の良さとは相手に訴えるものではなく、相手に感じてもらうことなのです。しかし、制服を「創る」ときの企業との連動はそうとばかりはいえません。それは、**多くの「関所」に、全く針に糸を通した経験のない人々が陣取っています。**

普段の製品を作るときの仕事は、お洒落なものであればファッション性、衣料品であれば着心地の良さなど、プライスやターゲットを含めても、目標ははっきりしています。しかしユニホームの仕事はそれだけでは終わりません。企業のイメージや主張、代理店などの立場を受け止めた上で、作り手の感性を提案しなければなりません。ファッション性と社会性を結びつける「橋」のたもとには、「別の立場で日常の仕事を進める人々」が待ちかまえています。

私は、常々「感性」を「言葉」にして「説明」するほど難しいものはないと思っています。

もともと、発案の上手なカリスマ的な人物（著名なアーティストやクリエイター）の存在があれば別ですが、一般的には社会的立場のそんなに変わらない人たちが、上手から下手の流れの中で仕事が進められます。お互いに日頃の仕事の内容の理解が不十分なままに、主張しあったり、忖度しあったりしてことは進められます。そうして生まれたものは、社会性と感性がスクランブルされた企業の顔になり、携わった人たちの人間的なレベルを感じさせたりもします。

スケールの小さな企業から、国を代表するような企業、国家的なイベントまで、これからも制服は生まれていきます。商業施設から医療系まで、時代を反映して表現されてきました。カリスマ的立場の存在があって表現されたものから、クリエイターや企業のたくさんの知恵を絞って表現されたものまで様々です。ブティックで展開されているファッション製品とは違い、多くの女性の個性を飲み込んで「最大公約数」を引き出さなくてはなりません。

「制服」とは、企業の主張や社会性をベースに、感性を知的な視点でとらえた衣服です。

ところが、制服におけるファッション性の捉え方は、その企業の知性や社会性に加えて華やかさや、時代性を表現する感性も大事な要素になってきています。そのようなことを思いながら、これからの制服に目を向けると、さまざまな立場の人々の顔が感じられてくるではないでしょうか。

ココ・シャネルの残した言葉に、**多くの人に支持されて着てもらえる服は、一人の人を特別にする……。**

服作りの根幹をなす言葉は、ユニホームの世界にも生かされていると思います。

しかし、時として制服は敬遠されることがあります。見る側にとって、**制服は「個性を一つ」に見せる**という役割を果たそうとしているからでしょう。一つの個性に身を委ねるという心地よさと同時に、反発をも生み出します。やがて決められた規律の中で精一杯反発する「感性」は思わぬ化学変化を起こすこともあります。

かつての女子学生たちのスカート丈のアレンジや、ルーズソックスなどのアイディアはまさしくそれでしょう。育ち盛りの「感性」は、ファッションの世界で起こっていることをハッキリと意識しています。また、日本の客室乗務員たちの装いは、知的で社会性のある女性らしさを感じます。それでいて、決められたルールの中でも、幾通りものスカーフの装い方を彼女たちは見つけ出しました。

本来自由であるはずの「感性」が縛られてしまったとき人々は自由を求めます。

先にも書きましたが、私が初めて行った海外旅行で、当地の銀行での窓口の事でした。

日本とは違い、お客に対面する窓口の女性は、皆、私服です。欧米諸国は、もともと洋服の文化です。人種も多様なだけに洋服のスタイルは、コンサバティブなものだけではなく多くの表情があります。お金を扱う最も社会的な場所での彼女たちの自由な私服は、当時なじみのない私に不安を与えました。着るものとは不思議なもので、それは彼女たちの表情や立ち振る舞いにまで、影響しているように感じます。

最近は、テレビで目にする女性アナウンサーたちに、それと同じニュアンスのことを、感じることがあります。社会情勢を伝えたり、コメントしたりする彼女たちの仕事は、その国の顔ともいえる客室乗務員や銀行で働く女性たちと同じように質感の高さを求められます。彼女たちは、多くのスタイリストや協力ブランドに囲まれながら、職業的レベルを「私服」で表現している毎日です。しかし、見ている一般人のおしゃれレベルは、過去と格段の差があるほど成長しています。世界中のニュースが報道される今、同じ職業の女性たちの装いは比較されることも簡単です。頭の先からつま先まで「私服」で管理することは大変なことです。しかし世界情勢や政治を伝える社会性の高い職業の女性の装いのクオリティの高さ（装いの完成度）は、知的レベルの高さにもつながります。

私はどうして、**女性アナウンサーたちに「制服」というスタイルがないのかと思ってい**

ます。

装いのクオリティの問題（ヘアスタイル、メーキャップ、コーディネート）や、伝えるべきニュースの内容と装いのアンバランスなどの問題は解決されるかもしれません。自由であればあるほど、感性や美意識は疲れてしまうのかもしれません。

日本のエアラインの客室乗務員たちは、世界に誇れるものだといわれています。各局の顔となる女性アナウンサーたちの装いもそうあって欲しいと願います。

人間の「感性」は我儘です。

それは教育や躾《しつけ》のように教えられるものではなく、本人の個性の礎となって唯一独り占めできるものだからでしょう。決めつけられてしまうと人は「個性」を発揮しようとします。そこに善し悪しの答えを求めることではありません。むしろ、**そこから生まれる新しい「美意識」に目を向けたいと思います。**

chapter 22

アバンギャルドとコンサバティブ

「NO！」と言うことが
アバンギャルドではない。
アバンギャルドとはベーシックを
超えた向こう側に発見できるもの。

コンサバティブな人が好むアバンギャルド！　アバンギャルドな人が望むコンサバティブ！　両者は互いに、このようにこだわりを持ち続けているのではないでしょうか？　人はそれぞれ自分にない個性に憧れることがあります。ときにはそれが負のエネルギーを蓄えて、コンプレックスとなってその人の意識の中に居座ることもあります。

中でも、今回は「アバンギャルド」について考えたいと思います。ヨーロッパのファッションジャーナリストが、私にこのように質問してきたことがありました。

「日本人はアバンギャルドが好きですね」

70年代当時、ファッションにも新しい美意識が生まれてきた頃です。とりわけ高田賢三さんが発表した新しいストリートテイストの感性は、ファッションを楽しむターゲットそのものを変えてしまいました。若い一般の人々に、ファッションの楽しさを紹介して、高価な価値観とは違う新しい自由な装いを提案していきました。ヨーロッパの服飾文化が脈々と育てあげてきた歴史に大きく革命をもたらしたのです。西洋の服飾の世界に東洋の感性を持ち込んで、素材、色、それまでのルールに当てはまらない組み合わせ方を提案し始めます。特に、欧米人たちに新鮮な驚きをもたらしたアイディアは、平面的な日本の着物からインスピレーションを得たカッティングです。それ以後、ファッションは大きく舵を切って、一般の人々に向かって走り出します。その頃まだ格式があった「オートクチュール」の世界でさえ、若い人々の感性に刺激され、クチュールの壁もずっと低く身近なテイストのものになっていきました。当時は、その風情（フィーリング）の**ファッション革命を「アバンギャルド」と評しました。**

ずっと後になって、平成も半ばの頃、私はあるベテランのスタイリストの方と、友人と三人でテーブルを囲んだことがありました。その女性はまだスタイリストというネーミングがファッション界で定着する前から、服飾の世界に携わり活躍されてきていました。同じファッションの仕事に従事してはいるものの、物を創り出すデザイナーと、それを評論したり選んだりするエディターやスタイリストという立場は、少し違います。

今ほど、ファッションが多様化、多面化で乱立している時代ではなかったけれど、70年代から数えると半世紀が過ぎようとしていました。混沌としていく時代の入り口で、彼女が、こう言い表しました。

「洋服って、エルメスとアバンギャルドがあればそれでいいよね！」

彼女が多くの洋服に触れ合って、「体制と革命」のようにどの世界においても、いつも対立する様を服飾の世界での経験を持って言い切った言葉は明快でした。私にとって、その言葉は仕事に対する惑いも洗い流されるようなシャープな響きを持っていました。私も全く同感であることを教えられたと同時に、いろいろな言い訳や、現実の問題に直面しながら、仕事をしている私たちは、**「今日の私たちは（装い）、そのどちらでもないよね……」**と、現実の世界で、ファッションに取り組んでいる我々を、互いに冷笑しあったことを覚えています。

私がデザインの勉強を始めてから、これはアバンギャルドな有り様だと最初に感じたのは、ココ・シャネルについての授業を受けた時でした。

彼女が活躍しはじめた当時は、まだ男性目線で、女性の美しさを牽引していく男性デザイナーたちが主流でした。その中で、彼女は誰かに着せてみたいと思う発想より前に、自分が着てみたい発想でクリエーションしていました。洋服だけにとどまらず、香水からバッグ、靴に至るまで彼女の発想は日常を反映して揺るがない現実の理由が網羅されています。整然と整えられたアトリエからだけではなく、くつろぎの場のリビングやキッチンでの生活の中からも発想されることもありました。当時、女性が装うということは、**男性の視線に応えて、彼らの美意識の枠にはまっていくことでした。**

しかし、シャネルは、自らの美意識を当時の女性自身が求めていた現実的なエレガンスとして定着させました。他の章でも述べていますが、彼女の斬新なアイディア（ブレードのついた服、ポケットの考え方、キルティングのバッグ等）は数えきれません。根本的な発想の視点が男性クリエイターと違うにもかかわらず、**女性を美しく際立たせるという装いに対する根本的な理念。**

その理念は崩されていません。彼女が当時の女性たちの女性たちによる美意識を開花させたのです。このように彼女が全く視点を変えていながら、装いの理念を貫いて時代を超えてきたことを歴史の中では後付けで「革命」と賛美されています。当初は、アバンギャルドというスリルや不良性のある危険なエレガンスとして、解釈されていたことです。

ほんの少し「負」のエスプリを効かせた反骨精神の匂う感性が、いつの時代も一握りのおしゃれな人々（文化人たち）によって受け止められて

いきます。

アバンギャルドだったはずのものがベーシックな匂いを香らせる頃、また新しい美意識が生み出されていくのでしょう。

70年代はじめ、高田賢三さんの後に続くようにして、三宅一生さんや、ソニア・リキエルが登場します。中でもソニア・リキエルは、彼女の「女性目線」でニットを主流にした装いを提案します。その装いは、当時の女性たちが働く場所やプレイフル（遊び心）に活動する場所において、リラックスしたそれでいてフェミニンな優雅さを醸し出していました。

それまでの衣料的アイテムや素材とされていたニットを、エレガントでフェミニンな高級品として、提案したコンセプトは、現在まで脈々と支持されてきました。今ではニット素材やジャージ素材の要素なしでは、現在の装いは考えられません。

日常の生活の中から、女性クリエイターが育んだ新しい美意識はどこか、ココ・シャネルの発想と同期するものだと私は感じています。

ココ・シャネルもソニア・リキエルも危険な「負」の要素を宿しながら、当時のアバンギャルドとしては、よどみなく人々に受け入れられていきました。

それは、**「高価で女性らしいエレガント」という女性の装いの根幹が揺るがなかったからでしょう。**


80年代に日本から発信されたアバンギャルド革命は、その後世界中のファッションに長く影響を与えることになります。日本で活躍されているクリエイターの川久保玲さんが、「コム・デ・ギャルソン」ブランドを通して世界に問いかけた新しい感性です。その事は、それまでのヨーロッパのファッションヒストリーに深い衝撃を与えました。

女性の身体のフォルムに沿った美しいシルエットを作る洋服、その常識を根本的に変えたカッティングの考え方を発表していきます。その作品を羽織ったときに生まれる偶然の形に美しさを感じたり、服飾という観念に囚われない素材での表現だったりします。それまでの服飾にありがちなディティールも、工作のように形を追った後に生まれる「物」としての美しさを問うているようにも見えてきます。

アバンギャルドなものが持つ要素として、スリルやダークな負の要素、プアーな表現さえもファッションに対するアイロニーとして提案されます。感性が形となって、情緒が表現されていく順序が、今までの「創作」とは全く異なります。新しくファッションに持ち込まれた考え方は、**視覚で感性を受け止めるという視点です。**

今までの服飾の表現を、ビジュアルで捉えて表現をしていくことにより「グラフィカル」な世界が、持ち込まれていくことになりました。

この視点の新しさは、世界中のクリエイターたちを刺激して、感性をビジュアルで判断していくことに人々を慣れさせていきました。

日本から発信された革命は、多くの人に興奮と戸惑いを与えることになり、人間の持つ感性の可能性をも押し広げて、服飾文化に新しい視点を与えることになりました。

いつの世もアバンギャルドに触発されて人間の感性は進化していきます。

昨日の「NO」が今日の「YES」に変わるとき、私たちは案外静かにその流れに寄り添っているのかもしれません。

しかし、「革命家」のように賞賛されるクリエイターの「功績」に対して、いたずらに表現されるアバンギャルドもあります。あるものは、現実に対して「ＮＯ」と言うことを革命のスピリットとします。アバンギャルドの持つ負の要素や装いに対してのスリルを、「不良性」と感じて、「否定」という考え方が新しい美意識として提案されることがしばしばあります。しかし、**革命のスピリットは、現実に背中を向けたり、横道を走ることではありません。**

アバンギャルドとは、真摯に現実に取り組んだ者たちがインスピレーションを得られる感性です。現実逃れの手段ではありません。見たこともない「工作」のようなディティールの競い合いでもありません。一過性のアバンギャルドに見えるものからは、次の時代のベーシックになるものは生まれません。現実の壁を越えた向こうに新しい美意識の世界は広がるはずです。「非・好感度」からスタートする感性も、人々に受け止めてもらえるために私たちクリエイターが、好感度にまで導かなくてはなりません。

しかし、時代が進み、やがては好感度として受け止められる頃、そこにはおのずと「ベーシック」というものが生まれ出ているはずです。

そしてそれまでのアバンギャルドだったポジションを新しい何かに譲っていくことでしょう。なぜなら、**アバンギャルドとは、「ベーシックなスタンダード」が「存在しないこと」だったはずですから――。**

当時、アバンギャルドと評されたココ・シャネルは、その後も新しいクリエイターたちに受け継がれて、現在も繁栄しています。服飾全般の商品を網羅して、かつての「反骨精神」とは真逆の「好感度」を表現して、人々に新しい価値観を問いかけ続けています。シャネルが求めた一歩先を行く女性の軽快で洒脱なおしゃれは、今では、最も華麗で豪華な装いとして男性目線にも、応えています。それを和服で表現するならば、**「振袖」のようなポジション!**に、変貌してきたことに時代の流れを感じます。

日本から発信されたアバンギャルドのスピリッツは、欧米諸国のファッション界に深く爪痕を残しました。これから先、未来へ広がるアバンギャルドとはどういうものでしょうか？

アバンギャルドとコンサバティブ。この二つは、本来ならば袂を分かち合うもの。しかし今ではそれらがコラボされ、ミックスされて膨張してきたものを我々は、ファッションとして身にまとっています。

いかなる理由でアバンギャルドがこの先誕生しようとも、それは時代の「責任」でもあるような気がします。そのときにも、私はまだまだその感性を理解できる自分でありたいと願っています。

chapter 23

立場で仕事をする人と、適性で仕事をする人

形になる前に脳内デッサンを
済ませられる才能の持ち主が
クリエイターです。

1960年代後半から70年代にかけてスタートした日本のファッションは、世界にも多くの刺激を与えて今に至ります。私たちの先輩クリエイターたちは、今も健在で活躍されています。

当時、欧米諸国から日本に上陸したファッションは、瞬く間に一般の人々に受け止められました。そしてカリスマ・クリエイターたちの「起業」によって、ファッション界の構造も創られ、私たち後輩にあたる面々に活躍の場も与えられることになります。

クリエイターたちに資本がついていく海外の構造とは違い、**クリエイター自らが「社主」となって、当時のファッション企業はスタートしていきました。**

10年後の私たちの世代が独立する頃には、その構造は「マンションメーカー」などと呼ばれるようになっていました。

折しも、一般人に向けてブームとなったファッションは、以前の高価なオートクチュール（高級仕立て服）とは違って、莫大な資金を必要とするものではありません。したがって、若いクリエイターたちにもたやすくスタートがきれたのでしょう。そうしてカジュアルなファッションのブームは、私たちにも活躍できる場所をもたらすことになります。

「起業」されたいくつかの「マンションメーカー」はクリエイターが上手にポジションをとって、デザイン、生産、販売という流れを生み出しました。さらに80年代においてはその流れから、**世界に刺激を与えるようなスタイルを生み出すことになります。**

その頃の日本は消費大国として世界の知るところとなり、多くの輸入品も持ち込まれるようになります。やがて、ファッションのグローバル化は、日本のクリエーションと一般消費者との目線が足並みを揃えていたことに、ズレを生み出します。

ファッションに限らず、人々の感性や思考は覚醒され、グローバルな視野を持つように成熟していったからでしょう。

時間をかけて技術や感性が養われるよりも、はるかに早い速度で情報文化が疾走していきます。やがて来るバブル崩壊まで爛熟した消費文化は続きます。それ以後のファッション界の構造は、生き残るために少しずつ形を変えていくことになりました。

一つは企業の若返りを狙った経験者たちの流出です。

お手本となる人材を失った後のファッション界の成長ははかばかしくなく、後に企業の「空洞化」を生むことにもつながります。

もう一つの変化は安いものづくりです。

バブルの崩壊は新しいファッション構造を産みました。カリスマ・クリエイターたちによってスタートを切った日本のファッション界は成熟、爛熟に向かって、繁栄を遂げてきたのです。私たち、多くの後輩のクリエイターを育ててくれたと同時に、多くのファッション業界に携わる人々をも産みました。そして、**クリエーションから生まれた企業から、企業がクリエーションを生む時代へと変貌していきます。**

90年代以降のファッション界の構図は少し違ってきます。トップの位置に立つのが常にカリスマ・クリエイターでなく、資本家であったり、ディレクターであったり、マーチャンダイザーであったりして、**針に糸を通したことのない人々でも、たずさわることになっていきました。**

クリエイションにおいては、上手から下手の流れが以前とは異なったり、あるいは合理化のために外部の会社とのコラボレーション作業になったりしていきます。利益や合理性から発想されるアイディアに対して「感性における動機」が後回しになっていきました。幼稚だったファッションビジネスが、成長し、成熟し、企業として発展していく要素として、形が変化していくのは当然の事のように思います。しかし、**ファッションは「感性」と「立場」だけでは出来上がりません。**

そこには、多くのファッションに携わる人たちが持つ「錯覚」があります。感性を形にするのは「技術」の高さや「技量」の深さでしょう。そのことを理解し、受け止める能力がなければ、企業としてファッションを生み出す事はできません。

「感性がある」と「デザインができる」は全くつながりません。

形になったものを見て初めて理解できるのが、バイヤーやコーディネーターです。ところが、**形になる前に脳内デッサンを済ませられる才能の持ち主はクリエイターです。**

「無」から「有」を生み出す創造力が彼らの能力です。その創造力を理解せず、感性と知識だけがクリエーションの源と思い込んでいるファッションピープルが、存在するようになりました。

そしてその「錯覚」が企業にとって失敗をもたらすようになります。情報やものが豊富な時代であるからこそ、そのように錯覚が起る材料が溢れています。

文化の成熟は「全員がファッションを楽しむ時代」をもたらしました。おしゃれに興味を深く持っている人にとっては、「私にも、デザインができそう」と思わせられる時代です。そう思い込んでいる人々が、ものづくりの流れの途中に、立場だけで存在していることが多々あります。立場で仕事をする人と、適正で仕事をする人の結果の違いは、小さくありません。

もう一つ企業が失敗に陥る要因は、そのブランドに携わる人の中に女性が、**ライブ感を持って、企画をクリエーションしていない場合です。**

女性クリエイターの場合は、その女性自身がクリエーションの対象です。その成果は、素直で説得力のある何よりも現実に受け止められる商品として提案されてきます。企業の目指すコンセプトと、クリエイターである女性とのライブ感が食い違うとき、必ずしもその共感はえられません。

例えば、ブランドコンセプトが60歳台や70歳台が対象であるとき、若い女性のクリエイターたちは「多分そうじゃないかなあ……?」と考えざるを得ません。対象年齢が幾つであれ、女性に向けた商品はいつの時代も女性自身を「覚醒」させなければなりません。企業が組み立てる「立場」を優先した仕事の流れは、時としてライブ感をおざなりにすることがあります。

ファッションの感覚もエイジレスの時代に入りました。高年齢者のクリエイターたちでも、同じ世代にライブ感覚を持って商品を生み出してほしいと願います。そのような「企業構造」が新しい時代に何かを生み出していくのだと思います。

「立場」と「適性」の考え方は、ファッションだけではなく、多くの他のものづくりの世界にも当てはまることかもしれません。

一部のおしゃれな人々からスタートを切ったファッションも、１９７０年代に向かって、瞬く間に浸透していきました。高度成長期がもたらした文化的な余裕は、やっと「感性」

というものを渇望する時代になっていきました。やがて、それは企業という立場から発信されるようになり、ファッション消費大国としての日本が生まれます。

バブル崩壊以後、海外での生産を考えたファストファッション（流行を取り入れつつ低価格に抑えた衣料品）の世界のコストを抑えたものづくりは、「全員がファッションを意識する時代」を創りました。

価値観の相違や着こなしの良し悪しは別として、今やファッションを意識していない人を見つけることの方が難しいです。バブル崩壊後の「負」の要素は、今や変貌を遂げて、「ファッション」と「衣料品」の壁をも取り払おうとしています。

「理性」と「感性」と「技術」の組み合わせやポジションは、それぞれの企業のコンセプトによって違います。三つの要素の組み合わせとポジションは、企業の個性として周りに理解されるものになっていくでしょう。

その事は、ファッション企業の「生態系」に新しい命を、生み出すかもしれません。

chapter 24

「罪深いファンタジー」イヴ・サンローランの時代

インスピレーションとは
こちらが努力しないこと。

「女性の官能を、剥き出しにしたデザイン」

この表現は、私が文化服装学院に在学中に最も心に焼きついたものです。高田賢三さんを始め、今もデザイン界で活躍されている、先輩方をはじめ、多くの後輩たちまで指導された小池千枝先生の言葉です。それは当時（1970年の頃）のイブ・サンローランのコレクションを表現された言葉でした。

入学した当時、年に二回（春夏・秋冬）のパリコレクションのデザインの解説を小池先生より受けることができました。ディオール、ランバン、ジバンシーたちが、オートクチュール界の重鎮であり、カルダンやクレージュがアバンギャルド・クチュールとしてモードを牽引していた時代です。

入学間もない学生の私は、コンサバティブなオートクチュールを感覚的にも技術的にも、真摯に受け止めて学んでいました。重厚華麗で、技術的にも最高のテクニックを駆使したパリのオートクチュールをエレガントな感性のトップと捉えていたのです。おそらく、それが当時ファッションを学ぶ学生たちの王道であったと思います。

その頃のデパートのフロアには、まだ幾つものオーダーのサロンがコーナーとして存在していました。デザイナーの先生方が一般客のために注文を受けていた時代です。そこには何冊かの海外ファッション誌がテーブルの上に置かれ、新しい洋服を注文するためのゆったりとした時間が流れていた時代です。

1960年代半ばになると、時おりイヴ・サンローランの話題もファッション界に持ち上がってきました。若くしてディオールから独立した彼は、オートクチュールコレクションを発表し続けていました。コンサバティブなエレガンスがまだ主流だったその時代に、後になってプレタポルテにつながるその感性が、私には、まだ新しいものだと解釈できなかった頃です。その感性は、60年代後半になると、一部のコア（当時はアバンギャルドと表されていたかもしれません）なおしゃれな女性たちの間で、受け止められるようになっていきました。

その頃、「ファッションデザイナーでは誰が好き?」という会話を業界のおしゃれな人たちの間で、耳にしたときのことでした。もちろん有名デザイナーたちの名前が真っ先に持ち上がります。

サンローランの話題になると、ある人が、**「彼のデザインって地味だもの……」**との答えに、**「何言ってるの！　彼のデザインってもの凄く派手よ」**

そう締めくくった人がいました。派手、地味、重厚、軽快の私の今までの理解は一変しました。エレガンス、華やか、若さという美的表現に使われるすべての形容詞の感覚的な捉え方が私の中で変わりだした瞬間です。

サンローランの感性に惹かれてはいても、その理由が見つからず、従来のコンサバティブな美的定規を当てても、センチとインチほどの基準の違いを感じていたのです。つまり、新しい時代に向かってファッション界のサンローランのポジションがはっきりしだした頃です。コレクションの解説の授業で、「女性の官能を、剥き出しにしたデザイン」という表現によって私の中に新しい「美的解釈」のメモリが誕生し始めました……。

人は初めて目にしたものに心を奪われるのではなく、初めて出会った「感性」に、心を奪われるものです。

幼い頃から見えていたものに刺激されて、好みの基準ができていたものを「感性」というスピリチュアルな存在があることに気づかされたのは、イヴ・サンローランの存在を知ることになってからです。

彼に対する評論や賛辞は、すでに多くの人によってなされています。中でもイヴ・サンローランの伝記の著書で、雑誌「Stiletto」の編集長 Laurence Benaim によって執筆された素晴らしい評論があります。

《彼はデザイナーとしての全能力を駆使して天使と悪魔を描き、常に職業の境界線を越えようとしていた。彼はデッサンの中でも、仕事においても、肉体に宿る魂を賞賛した最初のデザイナーだった。》《イヴ・サンローランは「感情」を描き出した。》《彼は女性たちの最も素晴らしい武器は誘惑であることを最上のやり方で証明した》

感性あるものに、感性をもって応えた名文！

サンローランの没後、『追悼イブ・サンローラン』として発表された文章です。私は素晴らしく感動して暗記できるほど読み込んだ覚えがあります。心で感じたものを独自の感性で表現され、ファッションを「ファッション学」と感じられるほどの水準にまで持ち上げられていることに驚きます。

ファッションに対して、まだまだ消費産業の枠を出ないわが国ですが、欧米諸国の服飾文化には、ファッションに対する濃厚なＤＮＡが存在することを感じます……。

とはいっても、このことだけを伝えることが今回の「章」のテーマではありません。キャリアを50年以上も積んで、やっと解釈できる評論に至るまでの私なりの理解と感動を時代を追ってお伝えしたいと思っています。

イブ・サンローランがクリエイターとして覚醒し始めた頃、私は文化服装学院に在学中でした。

初めてサンローランの洋服を目にしたのは、フランス映画の中で若き日のカトリーヌ・ドヌーヴが着用していた衣装でした。オートクチュールの洋服を現実のシリアスなストーリー展開の中で、一般の女性（ヒロイン）が着ることは現実にはあり得ません。しかし、時代を表現した自然なデザイン感覚は、女性が新しい時代に向かって動き出した予感を含んでいました。

他のクリエイターたちのセレブリティをイメージしたゴージャスで重々しいエレガンス

とは違います。現実を生きる女性をイメージした当時のミニマムでモダンな佇まいは、クラシックでありながら都会的なエレガンスを表現しています。

彼によって、**新しく洗練されたスタイルの「方程式」が提案されていました。**

カトリーヌ・ドヌーヴをミューズとした、60年代後半までの彼の活躍は、後のサンローランベーシックの基礎となる、ピーコート、パンツスーツ、シースルー、スモーキング、サファリルック、トレンチコートと現代につながるサンローランバイブルが発表されます。

特に、小公子・小公女ルックは、今につながるマザールックのルーツにもなっています。コンサバでありながら内に秘めたる女性らしさを感じさせるシックな佇まいは、各時代のニュアンスを飲み込みながら現代でも息づく「不滅の女性像」として昇華されています。

それらのインスピレーションの源は、過去のゴージャスなセレブリティの世界から、現実を謳歌する一般的な女性たちに向けられていきます。次々に発表される新しいアイテムは、その時代の女性たちが待ち望んでいたものに重なり合っていきました。

「創作」の定義は、新しくコピペ（コピー&ペースト）の時代へ移行します。

それまでのオートクチュールの美的感覚は、女性を華美に装いあげる男性目線に偏っていました。さらに新しく創造のインスピレーションを構築的に表現した、カルダン、クレージュによるモダンでビジュアルなクリエーションにも移行し始めます。しかし、クリエイターだけに牽引される美的提案であって、日常を生きる新しい女性たちの求めている「ソウルフル」なものではなかったのです。

今の時代、「コピペ」と表現されるものにはネガティブなニュアンスが漂います。その時期のサンローランは、ピーコート、サファリルック、スモーキング、そしてトレンチコートを発表します。何よりも革命的なことはエレガントに表現した、女性に向けたパンツスタイル、パンタロンの提案でした。それらは全てそれ以前にすでに存在していたアイテムです。にもかかわらず、覚醒されたサンローランの感性で、過去のアイテムもこの上なくフェミニンで洗練されたスタイルに創作されました。それは、女性が男性社会に活躍の場を広げ始めた時代に瞬く間に拡散されていったのです。なぜでしょう?

女性の本来持っている感情を描き出し、自信を与え、古い女性らしさに

とらわれていることから、女性たちを解放していったからでしょう。

それまでにもあった退屈なアイテムを女性の感情に刷り込んで、生々しいまでの「女性魂」を洗練の極みへと押し上げた「魔法」のような感性です。

当時、サンローランの服は見たことがあるようなものなのに、私にはできないと思わされ、他の服は見たことがないようなものなのに、私にもできそうだと感じさせてくれました。

当時のクリエイターたちが描くデザイン画には、フォルムやディティールの指示はありません！　サンローランも然り、彼の脳内にあるイメージを流線で書き描いたデッサンのみです。受け止めるトワリスト（パタンナー）も、柔軟な感性を持って受け止めなくては理解できません。

女性のエッセンスが立ち上がってくるようなデッサンから、通訳も無く、女性たちに通じる服に表現されることに当時の私は、圧倒されていきます……。

学生生活にも、気持ちの余裕が少しできました。技術を習得する以外にも、私もいろいろなものに、目が向くようになっていきます。若きサンローランも絶頂期を迎え、彼の多角的な感性はファッション界を支配していくようになっていきます。シルエットも多様で、素材のバリエーションも華やかに広がっていきます。ディティールやコーディネートも「これで？ このようなものを作るのか！」と驚かされ、その感動には、学生の身であっても「時代」を勉強していなくては、心はノックされません。

人間の身体が生物的に進化しない限り、今でも私たちは腕二本、足が二本の動物です。すでに長い歴史の中でも身体を包み込むものはデザインされつくしていました。チューブＬＩＮＥや、トラペーズＬＩＮＥ、あるいはモダンアートに発想の視点をおいても、根拠のないデザイン探しになりかねません。

新しい時代に女性たちが求めていたものは、「創造者」が高みからではなく、女性の内面に跪《ひざまず》いたところからスタートすることを求めていました。過去において視覚で経験している数々のアイテムを、女心をくぐらせて、新しいスタイルに洗練させていきます。エロティシズムさえシックに表現されるサンローランの魔法は、**コピー&ペーストという手法**

から新しい「創造」の定義を生み出しました。

私が現実のファッショニスタたちにも注目し、世の中の芸能や芸術に目を向けていった頃でした。サンローランから発信された真っ白パンタロンスーツのウェディングスタイルに、女性時代のスタートが切られたことを痛感しました。迷宮のような女性心を彷徨って創られた、サンローランのフラッグスタイルの完成です。１９７０年の頃です。

その後アイロニーの効いたヒッピーシックに世の中の興奮は集まります。ベトナム戦争後のヒッピーの台頭は世界中のブームになりました。ストリートファッションとして生まれつつあったスタイルに、いち早く反応して、過去とは違い一般の世界から創造の源がインスパイアされる時代へと大きく舵をとります。時のファッション界で、自信に溢れた彼の若々しい感性は容赦なくストリートファッションに踏み込んでいきます。

女心にいたずらをしたような、ウィット、アイロニーにとんでいるデザインの感性。

それは、当時のおしゃれなファッショニスタの間でも「待ってました！」とばかりに、センセーショナルに受け止められました。理屈を通した男性のデザインではなく、女性目線に視線を合わせた感性は、おしゃれな女性たちに「イメージの女性は私ね！」と言わせんばかりに、自信を与えました。

もし、女心を着替える部屋があるならば、それを覗き見するようなサンローランの感性に女性たちは絶対の信頼をゆだねていきます。

彼はいち早くパリの左岸に、「サンローラン・リヴゴーシュ」というプレタポルテブティックを展開していきます。不動の人気を得て、世界中へのライセンスビジネスも始まり、彼の次なる目線はサンローラン・ワールドのコーディネートスタイルの展開でした。それまでのクチュールのワンアイテムスタイル（スーツ、コート、ドレス）のクラシックなエレガンスは、過去に押し流されていきます。彼によって提案され、洗練された新しいコーディネートは、プレタポルテの世界をさらに押し広げていきました。その結果、ビジネスにおいても、世界中のファッション全体に、影響を与えていきます。

夜の服にさえ新しいコーディネートを提案し、日常のスタイルにもデイリーなものからプレイフルなものまで、縦横無尽にエレガントでシックな女性の日常を「創」り上げていきます。

ポップアートルックや娼婦ルックまで、品の悪さまでもギリギリのスリルを持って、時代を疾走させていくエレガンスは、女性たちに刺激を与えます。多くの女性はファッションを単なる着るものの世界にとどめず、生き方にさえもつながっていくことを知っていきます。

それまでのコンサバティブな世界では、作り手も受け止める側も、「言い訳」しあっていることが多かった中、サンローランの服にはそれがなくて、作り手の容赦のない華麗なる一方通行！　ストライクの連打！でした。

圧倒的なクリエイティブな説得力は時代をサンローランカラーに染めていきました。

70年代半ばまで、サンローランの感性は女性たちからの支持を独占しました。70年代後半からは、新しくオペラ革命（ドラマティックなオペラスタイル）を発表して、サンローランスタイルも成熟の域を目指します。

その頃、プレタポルテの世界も、高田賢三さんを始めとして新しいデザイナーたちが活躍をはじめます。新しい「コピー&ペースト」の矛先は次にエスニックな世界に向けられていきました。

ファッション界の人々（モデル、フォトグラファー、メイキャップアーティスト）の活躍も華やかになり、サンローランのクリエーションも、ファンタジックな要素を色濃くして、成熟、爛熟の境地へと向かいます……。

その後は、ビジネスの力にも支えられ、技術的にも価値観からしても、他の追随を許さないものになり、その活躍は80年代へと続きます。

80年代には、日本のファッション界の市場もヨーロッパに迫りつつありました。パリコレクションの時期には、一部は、ファッション（デザイナー、モデル、ジャーナリスト、フォトグラファー）の「民族大移動」のように、コレクションが開催されるヨーロッパへと移動したものです。

そして、その頃の私は、**生涯で一番美しいと、思えるものに出会います。**

一般的には難しい状況にもかかわらず、私はパリでイヴ・サンローランのコレクションを目にするチャンスに恵まれました。当時、プレタポルテコレクションの時期にバイヤーたちやジャーナリストのために開かれるオートクチュールのショーは、さほど大きい場所ではなく、サロンで開かれていたのです。

70年代半ばから、発信された彼のエスニックスタイルの回遊は、洗練に爛熟美が加わり、サンローランの生涯最高の作品群だったように思えました。それ以前、それ以後のサンローランの評価どおりの素晴らしい作品に手の届きそうな場所で出逢えた感動は、私の想い出の、最初の1ページになっています。

もちろん洋服の素晴らしさはさることながら、コスチュームをまとったモデルたちの「姿態」もさらにそれを引き立たせるように思われました。一流のモデルたちが活躍するパリコレクションですが、その時だけは、サンローランに創り出された女性として、モデル本人の域を超えた女性がランウェイに湧き上がっていきます。彼女たち自身が気づかないまま体中に「女」を充満させているように見えて、洋服が彼女たちの立ち振る舞いを指南しているように思えました。

男性目線の先に存在する従来の女性に提案するのではありません。サンローランが創り上げた女性が、クリエーションを彼に促しているような、魔法のごとき創造のメカニズムでした。そうして、当時の彼の感性は、**現代女性につながる「女性美」のバリエーションを一気に広げます。**

2000年代に入ってから引退されるまで、**彼によって「現在服」の原型が創られました。**

素材、ディティール、フォルム、意匠、スタイリングに至るまですべてが現在のファッションのルーツになっています。その功績はまず、**創作というものの概念を変えました。**

「無菌」のようなスペースから何かを形にするのではありません。既に手垢のついたようなものからでも、新しい時代をさらに牽引できるようなファンタジーとしての提案がされました。そして、**正面からクラシックの壁を乗り越えてきた、「正義」のアバンギャルド！**

そこに私は拍手を送ります。歴史の壁に向かって「NO」と背を向けるアバンギャルドもあるでしょう。彼の手法は、多くの女性をアバンギャルドな茨《いばら》の路を通り抜けさせたことです。新しいベーシックスタイルを生み出したことではないでしょうか。

ビジュアル化された現代では、ファッションを含め多くのものが「アート」と表現されることがあります。多くの人が多様化された中で、日々いろいろなものに出会います。作り手の感性をもし受け止めることができない場合に、**「アート」と表現してしまう「知的人」の技。**

それを、私も使うことがあります。しかしサンローランの創造性は、世の中にはびこっている怪しいアートなどとは違っています。人間の持つ生々しい情緒や官能を豊かな感受性で受け止めて、洗練の極みにまで押し上げた彼の魔術のような感性にあります。

「アート」と位置付けるよりも、もっと「スピリチュアル」なものを、彼の創造性に感じます。

「彼のデザインって地味だもの……」「何言ってるの！　彼のデザインってもの凄く派手

よ」と若き日に耳にした先輩たちの会話も、今思うと、理解できるような気がします。現代では、露骨に見た目に派手な洋服もたくさんあります。派手とはどういうものでしょう。女性を艶やかに表現しながらも、香るように、シックでエレガントな佇まいを感じさせる洋服！

時代やコンセプトとは別なところに「派手」さの定義はあるのかもしれません。

この「章」の終わりに書き記したかったことは、イヴ・サンローランを知らない世代にも、バトンを渡すという願いを込めることでした。

世界で「唯一無二」の感性の持ち主を表現するのに、教科書的文章は見つかりません。精一杯私なりに、感覚的に表現してみました。そしてこれからも、ときおり彼の作品集を見て、**「罪深いファンタジー」に酔ってみたいと思っています。**

chapter 25

跪いてピンを打つのが嫌いなデザイナーになるまで……。

デザインをするという「幸福感」は
常に不安と自信の連なった道の
途中で出逢えることなのです。

私の場合は一番好きなことを生涯の仕事にしてきました。二番目を選んで、一番を趣味にしておくという選択もあったかもしれませんが……。それゆえ、やっと「人生」という言葉を使えるような「お年頃」になって振り返ってみても、書けることと言えばファッション周りのことばかりになってしまいました。そこで最後の章は、**「跪《ひざまず》いてピンを打つのが嫌いなデザイナー」の心得。**

そんな思いを綴ってみたいと思います。

私がデザイナーを目指して、上京したのは1968年のことでした。60年代になると、東京のファッション情報も、数少ない媒体を通して私の田舎町にも流れてきました。ビートルズやツイッギー、原宿や青山でのファッションカルチャーなど、東京に憧れる材料には事欠きません。思春期の頃には、私の溢れるように育った好奇心はすでに田舎町では限界に達していました。まさに情報酔いのようになった私は、**「絶対に東京に行く！」ことを決めていました。**

そのもう一つの理由は、現在とは違い服飾デザイナーを目指す「男子」にとって専門学校は、関西では、選択肢がまだまだ少なかったこともありました。したがって、**新幹線の**

左側の窓越しに初めて富士山を見て、50年以上の歳月が流れました。

当時のファッション界は、欧米諸国からの影響を受けたオートクチュールが崇拝されていた頃でした。私たちが教えられていたことは、きれいな袖付け、きれいなシルエット。「感性」よりもむしろ「技術」を習得することが学校の教育方針でした。しかし70年（大阪万博開催の年）を境に、パリ在住の高田賢三さんの活躍により、瞬く間にオートクチュールの世界からプレタポルテの方向に世界中の軸が移っていきます。

卒業後のファッション界では、すでにオートクチュールの選択肢は狭く、ファッションデザイナー＝既製服に携わる、というイメージがありました。一人のクライアントのために手間と時間をかけて作り上げられる洋服は、その後、既製服とは違い特殊な環境に分かれていきます。目まぐるしく変わる新しいファッションが期待された時代に、私は文字どおり既製服を目指していくことになりました。丁寧にピンを打っていくアトリエワークとは違い、多くのスタッフとともにファッション製品を生み出していく仕事は、同じ服作りの中でもとりわけ私に向いていた分野だと思います。

70年代、80年代、90年代を経て日本のファッションの世界も、黎明期から今に至ります。バブル期を経た90年代以後は、ファストファッションの台頭もあって、ファッションと衣料の差もなくなりつつありました。

50年間のファッションの歴史を数行にまとめることは難しいことです。ただ私自身のことを総括して言い表すならば、**洋服作りは、私自身の人間創りでもありました。**

毎日の洋服作りは、自分にとって息をするように自然なものです。振り返ってみると、好きな世界と思えたのはファッションを外側から見ていたからでしょう。なぜなら数年で私は一つの壁にぶつかります。

趣味の道では、「好き」って楽しむこと！　プロの道では、「好き」って苦しむこと！

無益で楽しむこと、利益を求めることは根本的に違います。自分が好きなものが必ずしも「上手」にできあがるとは限りません。たとえ自分が好きでなくても、「上手」にできたものに対して世間からは評価が得られ、ギャランティーに値するものなのです。

自分の好きなものを作るのがアーティスト。人の好きなものを作るのがプロ。

一番目に好きなことを職業に選んだ私が、この道が趣味の延長線上ではないことを知るのは、既に10年以上の月日が経っていました。

しかし、その後は問題なく自信を持って……。というわけにはいきません。長い人生の中では、病気や体調やいろんな理由があって、1ヵ月も机の前でデザインをすることができないときも、多々あります。そんな時、**今度机に向かったとき、再びデザインができるだろうか……？**

何十年も経った今でも、その不安はついてまわります。しかし新しい「時」はそれまでの不安だったことが嘘のように、過去の知識や感性が発酵して湧き上がってきます。私の頭の中からは、「整理せよ！」と言わんばかりに、啓示してきます。世間の常識や現実がデザインという分野にブラックホールの如く吸い寄せられ、動物的な勘に導かれて答えに近づきます。私にとって、**デザインをするという「幸福感」は、常に不安と自信の連なっ**

た道の途中で出逢えることなのです。

それでも「今の仕事を辞めたい」と思ったときもあります。多くの人々が一度や二度はそう思うでしょう。環境や立場によっては、幾度かその思いが襲ってきます。人はいろいろな過程や事情で、人生の職業を選びます。私のように「これがしたい」「これしかない」「その他にできることがない」と思って選んだ職業でも自分の能力、時代の波、周りの環境などによってその思いは襲ってきます。

好きで選んだ道なのに、せっかくプロになったのに……。好きで選んだ仕事が大っ嫌いになります。

1年に一度感じる小さな思い。10年に一度感じる大きな決心。津波のように押し寄せる思いの大きさはさまざまです。その波を何度か乗り越えて、他に何もできなかった私はデザイナーであり続けました。いつしか自らが思う「好き」は消え失せて、やがて他人に判断される私は、デザイナーが「天性の職業」と思えるようになりました。好きで選んだ道なのに、辞めてしまいたい。そう初めて思ったときから、**私のプロとしての道の第一歩は**

始まりました。

若い頃に、使い回しをしていた「プロ」という言葉は、その時となっては、まるでコスプレ語のように感じられてしまいます。好きでやってきたことを使い果たしたとき、初めて人は職業に対峙し、その姿勢を問われるものだと思います。

「今の仕事を辞めたい」そう思ったときに感じていた壁は、プロを意識したときには消え失せて、むしろ終着駅のない長い道のりを感じるようになりました。

「そろそろ引退しようかな？　いつ引退すればいいと思う？」

私の年齢になると時折、職業を問わず周りの人々から、そのような言葉を投げかけられるようになります。しかし、それは自分自身の体裁と、周りの人の目を意識した不安をどう受け止めようかと、心が浮遊しているときの言葉です。

「私は引退しません」

いつの頃からかそう思えるようになりました。若い頃に「あなたは、どの花の終わり方を選びますか？」と問われたことがありました。桜の花のようにパッと咲いて潔く散る。椿の花のように完成された形のまま、ポトっと落ちる。あるいは牡丹や芍薬のように枯れても尚、枝にしがみついている。

若い頃は迷わず、「桜の花」と答えていた自分がいたと思います。月日や経験は私にその答えを変えさせました。今の私は迷わず「牡丹や芍薬のように」と答えています。なぜなら今まで続けられてこられたのは、自分一人の力だけではなく、周りの人々の支えや、偶然の状況にも助けられてきたことがたくさんあったからです。デザイナーの仕事は毎日机に向かってデザインをすることだけではなく、たくさんの人と関わって、様々な角度から仕事を前に進めて行かなければなりません。多くのことに感謝しながら、そして何よりもプロへの道のりで生まれた、**「執着心」がそう答えさせます。**

周りに対しての体裁よりも、正直な心の声が自分自身に言い聞かせてくれるのです。

「歴代の装苑賞の受賞者たちの作品の展覧会がありますよ」

大阪に移り住む日が近づいてきた頃、出版局（文化服装学院の出版部）にお勤めする友人から、このような知らせを受けました。私は文化服装学院に在学中「装苑賞」という賞をいただいています。当時から業界では権威があった賞でした。在学中やデザイナーの卵であった頃から、多くの学生たちが競って応募したものです。

思春期の頃は劣等生で、ビリケツの高校時代を過ごした私も、好きな学びには没頭し、優等生として学生時代を謳歌していました。機が熟して、在学中の最後の年に「装苑賞」に応募しました。

受賞後の作品は文化出版局に収められ、かれこれ50年ぐらい実際の作品にはお目にかかっていません。東京での長い生活を整理して、関西に基盤を持つように準備し始めた頃、その展覧会は開かれました。私は随分ご無沙汰していた母校に隣接する「文化美術館」に出かけました。当時、毎日通った学舎は、既に立派に建て替えられ、当時の面影はありません。この辺りが教室、ここが食堂、そして購買局などと懐かしく感じながら素晴らしい近代的な校舎を見上げていました。その後に押し寄せてくる、人生での後悔や憤りに出会った大人の時代を思うと、本当に楽しかったはずの学生時代の思い出が飲み込まれそうにもなります。

このように複雑な思いに駆られながら、歴代の「装苑賞」の展示作品が並ぶ館内にまで来ると、展示室のピーンと張り詰めた静かで硬質な空気を感じました。「装苑賞」がスタートしてから現在まで、おそらく60点余りの作品が展示されています。ちょうど私が受賞した頃は30回目あたりだったように思います。18歳で入学した当時はオートクチュールの時代、卒業時はプレタポルテに変わる時代に学びました。70年代を境にして、スポットのあたる世代も変化していったのです。同校を卒業された大先輩の高田賢三さんのパリでの活躍に刺激されて、世界中の美意識やカルチャーが大きく波打って変化していった刺激的な時代でした。

時代の順序を追っていくと、私の作品はちょうど展示された真ん中にあたります。私以後の作品は徐々にプレタポルテの雰囲気に包まれ、カジュアルやアバンギャルドな作品が多く受賞されていました。私の時代は、ほぼオートクチュール的雰囲気の最後のシーズンだったように思います。

ほぼ、50年ぶりの再会です。

リアルファーを使った私の作品は、心配していたにもかかわらずどこにもダメージがなく、見事にその当時の佇まいで、トルソーに展示されていました。私がデザインして創りあげて、我が子のようだった作品が、今や対面している私に他人のように語りかけてくるような気がしました。

まだ社会に出る前の純粋であった私が、語りかけてきます。

今や立派に建築され、学生時代の面影などなかった校内であったのに、その作品の前で、**私はその頃の自分にワープしました！**

その作品のことだけを思い、向き合っている自分。空気さえも息を凝らしているように感じるときに、人はインスピレーションに出会います。そんな「純粋な時空間」を再び感じた私は、**「負けている……」その頃の自分に……**。

長いキャリアの中で、社会の手垢がついた大人にはなりましたが、**「あの頃の純粋だった幸福感」**をもう一度味わいたいと、今でも思い続けています。東京を後にしても、今もデザイナーとしてあり続けている自分です。あの頃の自分に負けないようにと祈りながら……。

凡人の私が、もう一度生まれてくるならば、やり直したいところも多々あります。もし今度生まれてきたならば、「もう少し、ましなデザイナーになれるかもしれない？」それは、「今やっと『基礎』ができたからね」と思い慰めています。**「人生」という言葉を、やっと使いこなせる年齢になりました。**

ファッションは人生の大切なことも数多く私に教えてくれました。

今でも先に広がる道は険しく見えますが、振り返って見える道は優しく、自分に語りかけてくれているように思えます。

それは、

「執着心」と表現する、私なりの愛情を注いできたからかもしれません。

造花は本物のように、
本物は造花のように〜

エピローグ

私がこの本を書くにあたって、最初に掲げたコンセプトは、

おしゃれの情報誌でもなく！
おしゃれのハウツー本でもない！

でした。そしてある本との出会いがあります。ある時テレビ番組で、投資家の「村上世彰」さんの特集が流れていました。平成の時代に日本でも活躍されて、現在はシンガポールを拠点にさらに活躍されている様子のドキュメンタリーでした。

ファッションの世界でキャリアを積んできた私に、投資家のお話はまったくの筋違いで、視聴を予定していた番組ではなく、「ながらテレビ」の結果でした。

ドキュメンタリーの内容よりも、私は村上さんのその時の佇まいに少し考えさせられました。男子も50代になると、いわゆる（おっちゃん）と呼ばれるようになりますが。海外

でのお住まい、グローバルな活躍をされているせいか、日本男子には数少ないファッション性のある知的な雰囲気が感じられました。

私は投資家の人生と考え方を知りたくなり、彼の著書『いま君に伝えたいお金の話』を拝読しました。

日本では「お金の教育」がされていない！

小学校の頃から学校の授業でそれを学ぶことができていれば……と言う内容のことでした。私は日本人には「負の部分」にあたるこの分野が、正面切ってポジティブに提案されていることに共感させられました。ファッションも然りです。

日本では、幼い頃からファッションの教育がいつの時も見当たりません。

長い間、「お金の話、装いの話」はぜいたくなこととして捉えられてきたように思います。その反面、戦後の日本には欧米諸国から、ものすごいスピードで、たくさんの情報がもたらされてきました。
そして服飾文化にDNAを持たない日本人は、素直にそれを追いかけてきたようです。今では欧米諸国との差もなく、むしろ大きなファッションマーケットとして、日本の市場は存在し続けます。私はそのこと自体は肯定すべきだと思っています。
しかし、どこかでファッションは知的分野から距離のあるもの、贅沢なものであり、学校教育の項目としては後回しになるものという感が拭えません。

人は皆成熟していく過程で、いろいろな人生の出来事にぶつかります。

私たちは皆それに「知」を持って対処していかなければ、成熟という道は歩めません。猛烈なスピードで駆け抜けていくファッションの情報とは別に、これからの私たちには、幼い頃からファッションを「教養」として受け止めることも、大切なことだと思います。その事は我々にも、もともとなかった服飾文化に対してのDNAを芽生えさせ、育ち、感性以上に知性さえも蓄えていくことにつながるでしょう。

情報だけに支えられた感性ではなく、知性さえも感じられるものでなくては、ポジティブには受け止められないのかもしれません。

優れた「知性」に裏付けられた「感性」は、向かい合った距離をとりながらも、遠い遠い線路の先では交わっているように思えます。

今振り返ってみて、私はファッションに対する思いを、このように感じています――。

今回「幸服福装論」を出版するにあたって、身近な方々に指導及びアドバイスを頂いたことに深く感謝いたします。

私の企画に耳を傾けてくださった吉田千尋（コピーライター）さんを始め、アートディレクターの浅川哲二氏には、「インテリアとしても輝き続けていられるようなビジュアル」をコンセプトに、装丁をお願いいたしました。氏のスキルによって表現された、クリエーションに深く感謝いたします。ありがとうございました。

辻村　昭造（つじむら・しょうぞう）

ファッションディレクター。
1972年、文化服装学院卒業・31回装苑賞受賞・遠藤賞受賞・
デザイン科デザイン大賞受賞。卒業後、高島屋の商品企画部に入社。
当時のファッション誌「装苑」にもデザイン掲載。
資生堂ＣＭ・ＴＶの衣装を手掛ける。
shozo tsujimuraブランドで既製服を展開。
後にフリーランスのデザイナーとしても活躍。
ザ・ギンザオリジナルブランド「THE GINZA PLUS」。
「ハロッズ」ディレクター就任。
現在は、TVショッピング出演や、NHK文化センターで講師として
活躍する中、ゲストを招いての「人生のランウェイ」企画も発信中。

https://shozo-tsujimura.tank.jp/

幸服福装論

2024年9月1日　第1刷発行

著　者　　辻村昭造

発行人　　大杉　剛

発行所　　株式会社 風詠社
〒553-0001　大阪市福島区海老江5-2-2 大拓ビル5-7階
Tel 06（6136）8657　https://fueisha.com/

発売元　　株式会社 星雲社（共同出版社・流通責任出版社）
〒112-0005　東京都文京区水道1-3-30
Tel 03（3868）3275

印刷・製本　シナノ印刷株式会社

ISBN978-4-434-34406-0 C0095